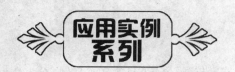

U0129027

CorelDRAW X4 中文版
平面设计50 例

刘 勇 方 强 李继光 等编著

电子工业出版社·

Publishing House of Electronics Industry

北京·BEIJING

内 容 简 介

　　本书是一本介绍 CorelDRAW X4 在平面设计相关领域应用的实例书籍，全书共包含 50 个实例，分为绘制标志、时尚杂志插画、电影海报、工业造型和绘制插画五大部分，全面分析了 CorelDRAW X4 的使用方法以及该软件在平面设计领域应用的方法。

　　本书内容较为全面，知识点分析深入透彻，适合平面设计师、广告设计师、工业设计师以及相关专业学生使用。

图书在版编目(CIP)数据

CorelDRAW X4 中文版平面设计 50 例 / 刘勇等编著.—北京：电子工业出版社，2009.7
(应用实例系列)
ISBN 978-7-121-09076-9

I. C… Ⅱ.刘… Ⅲ.图形软件，CorelDRAW X4 Ⅳ.TP391.41

中国版本图书馆 CIP 数据核字（2009）第 100272 号

责任编辑： 祁玉芹
印　　刷： 北京市天竺颖华印刷厂
装　　订： 三河市鑫金马印装有限公司
出版发行： 电子工业出版社
　　　　　 北京市海淀区万寿路 173 信箱　邮编 100036
开　　本： 787×1092　1/16　印张：21.5　字数：550 千字
印　　次： 2009 年 7 月第 1 次印刷
定　　价： 42.00 元（含光盘 1 张）

　　凡所购买电子工业出版社图书有缺损问题，请向购买书店调换。若书店售缺，请与本社发行部联系，联系及邮购电话：(010) 88254888。

　　质量投诉请发邮件至 zlts@phei.com.cn，盗版侵权举报请发邮件至 dbqq@phei.com.cn。

　　服务热线：(010) 88258888。

随着计算机的普及和辅助设计软件的推广，设计的实现变得越来越简单，以往需要许多人配合的工作，现在可能仅需一个人、一台电脑就可以轻松地完成，但计算机技术并不是万能的，它可以实现人的想法，却代替不了人的思考，一个优秀的设计师，除了需要有一种得力的工具，还需要有丰富的美术设计知识和实际的操作经验。

CorelDRAW X4 是一款优秀的矢量设计软件，擅长于矢量图的绘制，该软件易于操作和掌握，生成的文件较小，兼容性较强，因此，被广泛应用于平面设计领域，是很多设计师和CG 爱好者的得力助手。但很多专业设计师使用 CorelDRAW 的局限性较大，不能全面体现其优势；而 CG 爱好者虽然对软件的应用非常熟悉，却对相关的设计不甚了解，限制了作品的表现力，根据这种情况，本书将软件功能和设计作品进行了整合，在实例的制作过程中，严格按照实际工作的操作流程，帮助广大设计师全面提高自己应用 CorelDRAW X4 的能力以及设计方面的能力。

在本书中，全面介绍了 CorelDRAW X4 的各种表现方法和工作流程，使读者能够在较短时间内掌握 CorelDRAW X4，并将其应用于实际的工作当中。本书使用的实例针对性较强，根据不同的设计门类来划分结构，每部分不仅详细介绍了相关工具，还介绍了实际操作的流程和一些设计制作的技巧，使读者对软件有更为深刻的理解。

本书共包含 50 个实例，分为绘制标志、时尚杂志插画、电影海报、工业造型和绘制插画五大部分，每部分包含 10 个实例，全面介绍了 CorelDRAW X4 中各种工具的操作方法及其在平面设计领域的应用方法。在绘制标志部分，主要使用了基础的绘制和编辑工具，使读者了解基础工具的使用方法及工作流程；在时尚杂志插画部分，主要使用色彩填充和编辑工具，使读者了解色彩工具的使用方法；在电影海报部分，使用了大量位图来辅助完成作品，使读者了解处理位图的方法；在工业造型部分，将指导读者绘制写实风格的工业效果图，使读者了解写实风格作品的表现方法；在绘制插画部分，综合使用各种工具来完成复杂插画的绘制，使读者了解完成复杂插画的工作流程。而对于本书中的知识重点和难点，会以提示和注意方式加以强调，便于读者理解和掌握。

本书由刘勇、方强和李继光主持编写。此外，参加编写的人员还有陈志红、李峰、陈志浩、李保田、张秋清、申士爱、胡孟杰、李江涛、陈艳玲、温顺焯、王珂和陈梦影。由于水平有限，书中难免有疏漏和不足之处，恳请广大读者及专家提出宝贵意见。

我们的 E-mail 地址为 qiyuqin@phei.com.cn。

编著者

2009 年 5 月

目　录

第 1 篇　绘 制 标 志

第 2 篇　时尚杂志插画

第 3 篇　电 影 海 报

Contents

第4篇 工 业 造 型

第5篇 绘 制 插 画

第 1 篇

绘制标志

　　标志的造型通常都较为简单，在本书的第一部分，将为读者讲解标志的制作方法，本部分实例的制作主要应用了基础绘制和编辑工具。通过这部分练习，使读者了解相关工具的使用方法和标志的绘制方法。

实例 1　绘制平面标志

在本实例中，将指导读者绘制平面标志，平面标志的绘制较为简单，主要使用了 CorelDRAW X4 中自带的基础图形进行绘制。通过本实例的学习，使读者了解平面标志的制作方法，以及基础图形的编辑方法。

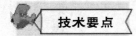

在本实例中，首先使用矩形工具绘制矩形，设置矩形对角的边角圆滑度，将矩形进行填充，并取消其轮廓线，复制矩形，旋转并缩放矩形大小，完成矩形部分的制作。然后使用椭圆形工具绘制正圆，通过交互式变形工具设置太阳效果，最后键入相关文本，完成本实例的制作。完成后的效果如图 1-1 所示。

图 1-1　平面标志效果

1 运行 CorelDRAW X4，在运行界面上出现"快速入门"对话框。在该对话框中单击"新建空白文档"超链接，进入系统默认界面。

在首次运行 CorelDRAW X4 时，运行界面默认进入"快速入门"对话框。在该对话框中清除"将该页面仅设置为默认的'欢迎屏幕'页面"和"启动时始终显示欢迎屏幕"复选框，以后在运行 CorelDRAW X4 时将不再显示欢迎屏幕。

提示

2 单击工具箱中的 □ "矩形工具"按钮，在绘图页面内绘制一个任意矩形，选择新绘制的图形，在属性栏中的 ↔ "对象大小"参数栏中键入 100，确定矩形的宽度，在 ↕ "对象大小"参数栏中键入 100，确定矩形的高度，调整后的矩形如图 1-2 所示。

图 1-2　绘制矩形

3 确定图形处于被选择状态，在属性栏上部的"左边矩形的边角圆滑度"参数栏中键入 10，在属性栏下部的"右边矩形的边角圆滑度"参数栏中键入 10，设置矩形的圆角平滑度效果，如图 1-3 所示。

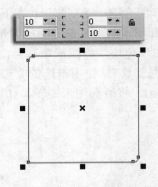

图 1-3　设置矩形边角圆滑度

4 在绘图页面右侧的调色板中单击"橘红"色块，将图形填充为橘红色，然后右击⊠ 按钮，取消其轮廓线，如图 1-4 所示。

选择图形后，单击调色板中的任意一种颜色可将图形填充为该颜色，单击⊠按钮，将取消填充；右击调色板中的任意一种颜色可将图形的轮廓线设置为该颜色，右击⊠按钮，将取消其轮廓线。

提示

5 按下键盘上的 **Ctrl+C** 组合键，复制图形，按下键盘上的 **Ctrl+V** 组合键，将图形粘贴到原位置。

6 单击工具箱中的 🔖 "挑选工具"，按住键盘上的 **Shift** 键，沿中心位置缩放图形，然后在绘图页面右侧的调色板中单击"白"色块，将图形填充为白色，如图 1-5 所示。

图 1-4　填充图形并取消其轮廓线

图 1-5　填充图形

7 再次按下键盘上的 **Ctrl+C** 组合键，复制图形；按下键盘上的 **Ctrl+V** 组合键，将图形粘贴到原位置，按住键盘上的 **Shift** 键，沿中心位置缩放图形，然后在绘图页面右侧的调色板中单击"橘红"色块，将图形填充为橘红色，如图 1-6 所示。

图 1-6　填充图形

8 再次按下键盘上的 Ctrl+C 组合键，复制图形；按下键盘上的 Ctrl+V 组合键，将图形粘贴到原位置，按住键盘上的 Shift 键，沿水平位置缩放图形，沿上下方向放大图形，然后在绘图页面右侧的调色板中单击"白"色块，将图形填充为白色；如图 1-7 所示。

9 选择工具箱中的 "挑选工具"，使用框选的方法选择所有图形，然后在属性栏中的"旋转角度"参数栏中键入 135.0，将所选图形旋转，如图 1-8 所示。

图 1-7 填充图形

图 1-8 旋转图形角度

10 按住键盘上的 Shift 键，然后参照图 1-9 所示缩放图形。

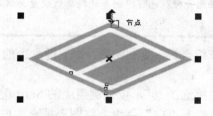

图 1-9 缩放图形

11 单击工具箱中的 "椭圆形工具"，按住键盘上的 Ctrl+Shift 组合键，参照图 1-10 所示以图形中心位置为圆心绘制一个正圆。

图 1-10 绘制正圆

12 选择绘制的正圆，在绘图页面右侧的调色板中单击"黄"色块，将图形填充为黄色，然后右击按钮，取消其轮廓线，如图 1-11 所示。

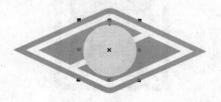

图 1-11 填充图形并取消其轮廓线

13 按下键盘上的 Ctrl+C 组合键,复制图形;按下键盘上的 Ctrl+V 组合键,将图形粘贴到原位置,按住键盘上的 Shift 键,沿中心位置缩放图形,然后在绘图页面右侧的调色板中单击"白"色块,将图形填充为白色,右击红色块,将图形轮廓线设置为红色,如图 1-12 所示。

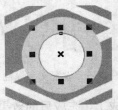

图 1-12   填充图形并设置其轮廓线颜色

14 选择复制之前的圆形,单击工具箱中的 🔲 "交互式调和工具"下拉按钮,在弹出的下拉按钮中选择 🔄 "变形"选项,参照图 1-13 所示设置图形的交互式变形效果。

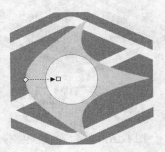

图 1-13   设置图形变形效果

当读者设置了一个图形的变形效果时,可以拖动交互式矢量手柄中的滑块,确定图形的变形效果。

提示

15 单击工具箱中的 字 "文本工具"按钮,在绘图页面内单击确定文字的位置,并键入"DTW"文本。选择该文本,在属性栏中的"字体列表"下拉选项栏中选择 Arial Black 选项,确定字体的类型。在"从上部的顶部到下部的底部的高度"参数栏中键入 100,确定字体大小,将文本放置于如图 1-14 所示的位置。

图 1-14   键入文本

16 选择文本,在文本处右击鼠标,在弹出的快捷菜单中选择"转换为曲线"选项,将该文本转换为曲线。然后在调色板中单击"白"色块，确定图形颜色，右击"橘红"色块，设置轮廓线为橘红色，在属性栏中的"选择轮廓宽度或键入新宽度"下拉选项栏中选择 2.0 mm 选项，确定轮廓线的宽度，如图 1-15 所示。

图 1-15　设置文字属性

⑟ 现在本实例的制作就全部完成了，完成后的效果如图 1-16 所示。如果读者在制作过程中遇到了什么问题，可以打开本书附带光盘中的"绘制标志/实例 1：绘制平面标志/绘制平面标志.cdr"文件，这是本实例完成后的文件。

图 1-16　完成后的效果

实例 2　金属机械标志

实例说明　在本实例中，将指导读者绘制一个金属机械标志。通过本实例的学习，使读者了解 CorelDRAW X4 中椭圆形工具和渐变填充工具的使用方法。

技术要点　在本实例中，首先使用椭圆形工具绘制正圆，然后设置轮廓颜色和渐变填充，接下来复制图形，调整大小并进行旋转，最后使用文本工具键入文本，设置文字的轮廓颜色和渐变填充，完成本实例的制作。完成后的效果如图 2-1 所示。

图 2-1　金属机械标志效果

① 运行 CorelDRAW X4，在运行界面上出现"快速入门"对话框。在该对话框中单击

"新建空白文档"超链接，进入系统默认界面。

　　② 单击工具箱中的 "椭圆形工具"按钮，按住 Ctrl 键，在绘图页面内绘制一个正圆。

> 按住 Ctrl 键同时拖动鼠标，约束图形使其以正圆显示。

提示

　　③ 选择新绘制的图形，在属性栏中的 ⟷ "对象大小"参数栏中键入 100，在 ⟪ "对象大小"参数栏中键入 100，调整后的圆如图 2-2 所示。

> 在属性栏中激活 "不成比例的缩放/调整比例"按钮，可保持图形的纵横比。

提示

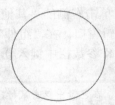

图 2-2　正圆效果

　　④ 选择新绘制的正圆，在状态栏上双击"轮廓颜色"显示窗，打开"轮廓笔"对话框，如图 2-3 所示。单击"颜色"下拉按钮，在弹出的颜色调板中单击"其他"按钮，打开"选择颜色"对话框。将颜色设置为绿色（C：87、M：35、Y：60、K：2），其他参数使用默认设置，单击"确定"按钮，退出该对话框。

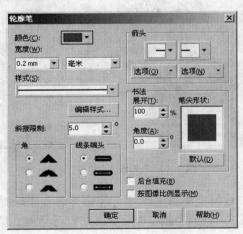

图 2-3　"轮廓笔"对话框

　　⑤ 单击工具箱中的 "交互式填充工具"下拉按钮，在弹出的下拉按钮中选择"渐变填充"选项，打开"渐变填充"对话框。在"类型"下拉选项栏中选择"线性"选项，在"颜色调和"选项组中选择"自定义"单选按钮，这时可以自定义设置渐变颜色，如图 2-4 所示。

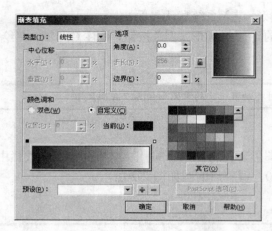

图 2-4　"渐变填充"对话框

6 在"自定义"选项组中选择色带左侧的色标，在右侧的颜色色块中选择白色色块，在色带中双击鼠标，出现一个色标，单击右侧的"其他"按钮，打开"选择颜色"对话框，单击"模型"标签，进入"模型"编辑窗口，在"组件"选项组中的 C 参数栏中键入 69、M 参数栏键入 0、Y 参数栏中键入 40、K 参数栏中键入 0，将颜色设置为绿色，如图 2-5 所示。

提示

默认状态下，色带有两种颜色，在色带中双击鼠标，出现一个色标，读者可根据需要添加多个色标并设置渐变颜色。

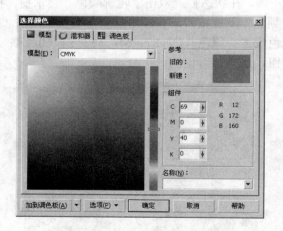

图 2-5　"选择颜色"对话框

7 在"选择颜色"对话框中单击"确定"按钮，退出"选择颜色"对话框；在"渐变填充"对话框中单击"确定"按钮，退出"渐变填充"对话框。填充图形后的效果如图 2-6 所示。

8 确定填充后的图形处于被选择状态，单击工具箱中的 "交互式填充工具"按钮，打开交互式填充手柄，参照图 2-7 所示调整手柄的位置。

图 2-6　填充图形

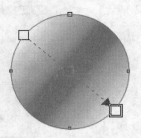

图 2-7　调整手柄的位置

9　选择工具箱中的 "挑选工具"，按下键盘上的 **Ctrl+C** 组合键，复制图形；按下键盘上的 **Ctrl+V** 组合键，粘贴图形至原位置。

10　选择复制的图形，按住键盘上的 **Shift** 键，按中心等比例缩放该图形，如图 2-8 所示。

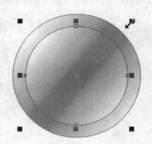

图 2-8　调整图形的大小

11　确定复制后的图形处于被选择状态，在图形上单击鼠标，打开旋转手柄，在对象上沿顺时针旋转手柄，并参照图 2-9 所示调整图形的旋转角度。

12　选择旋转后的图形，再次将其复制，并将复制后的图形参照图 2-10 所示以中心等比例缩放。

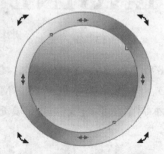

图 2-9　调整图形的旋转角度

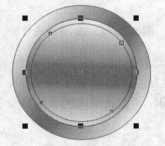

图 2-10　复制并调整图形的大小

13　确定复制的图形处于被选择状态，在状态栏上双击 "填充" 显示窗，打开 "渐变填充" 对话框。在 "类型" 下拉选项栏中选择 "圆锥" 选项，在 "颜色调和" 选项组中选择 "自定义" 单选按钮，设置渐变颜色为由白色、绿色（C：69、M：0、Y：40、K：0）、白色、绿色（C：69、M：0、Y：40、K：0）和白色组成，其他参数使用默认设置，如图 2-11 所示。

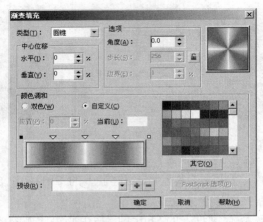

图 2-11 "渐变填充"对话框

14 在"渐变填充"对话框中单击"确定"按钮,退出"渐变填充"对话框。设置渐变填充后的图形效果如图 2-12 所示。

15 选择工具箱中的 字 "文本工具",在绘图页面内单击确定文字的位置,并键入"ENGINE"文本。选择该文本,在属性栏中的"字体列表"下拉选项栏中选择 Adobe Caslon Pro Bold 选项,在"从上部的顶部到下部的底部的高度"参数栏中键入 72,将文本放置于如图 2-13 所示的位置。

图 2-12 设置渐变填充效果

图 2-13 键入文本

16 选择新键入的文本,设置轮廓颜色为绿色(C:87、M:35、Y:60、K:2),设置填充颜色为由白色、绿色(C:69、M:0、Y:40、K:0)、白色、绿色(C:69、M:0、Y:40、K:0)和白色组成的线性渐变色,并参照图 2-14 所示调整图形的线性渐变填充效果。

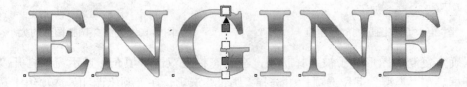

图 2-14 调整图形的线性渐变填充效果

17 现在本实例的制作就全部完成了,完成后的效果如图 2-15 所示。如果读者在制作过程中遇到了什么问题,可以打开本书附带光盘中的"绘制标志/实例 2:金属机械标志/金属机械标志.cdr"文件,这是本实例完成后的文件。

图 2-15　完成后的效果

实例 3　绘制首饰盒

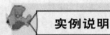

在本实例中，将指导读者绘制一个首饰盒。通过本实例的学习，使读者了解在 CorelDRAW X4 中形状工具、添加节点工具、渐变填充工具、交互式阴影工具和文本工具的使用方法。

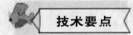

在本实例中，首先使用基本形状工具绘制心形图形，通过添加节点并调整节点位置设置心形形态，复制心形图形，使用修剪工具修剪图形，使用交互式阴影工具设置阴影效果，然后使用贝塞尔工具和交互式透明工具绘制高光效果，最后使用文本工具键入相关文本，并设置文本的渐变填充效果，完成本实例的制作。完成后的效果如图 3-1 所示。

图 3-1　绘制首饰盒

1 运行 CorelDRAW X4，在运行界面上出现"快速入门"对话框。在该对话框中单击"新建空白文档"超链接，进入系统默认界面。

2 选择工具箱中的 📎 "基本形状"工具，在属性栏中单击"完美形状"下拉按钮，在打开的"完美形状"面板中选择 ♡ 图形，在绘图页面内绘制一个心形，选择新绘制的图形，在属性栏中的 ↔ "对象大小"参数栏中键入 100，在 ↕ "对象大小"参数栏中键入 100，调整后的心形效果如图 3-2 所示。

3 确定新绘制的图形处于被选择状态，右击图形内部，在弹出的快捷菜单中选择"转换为曲线"选项，将图形转换为曲线。

图 3-2 心形效果

4 选择工具箱中的 ![形状工具图标] "形状工具",选择心形顶部中间节点,在属性栏中单击![按钮] "生成对称节点"按钮,调整节点位置。如图 3-3 所示的左图为未调整节点前的图形,如图 3-3 所示的右图为调整节点后的图形。

图 3-3 左图为未调整节点前的图形,右图为调整节点后的图形

5 调整心形底部节点位置,如图 3-4 所示的左图为调整前的图形,如图 3-4 所示的右图为调整后的图形。

图 3-4 调整节点

6 按下键盘上的 **Ctrl+C** 组合键,复制图形;按下键盘上的 **Ctrl+V** 组合键,将图形粘贴到原位置。

7 选择工具箱中的 ![挑选工具图标] "挑选工具",按住键盘上的 **Shift** 键,沿中心位置缩放图形,如图 3-5 所示。

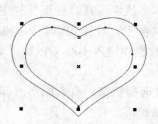

图 3-5 缩放图形

⑧　按下键盘上的 **Ctrl+A** 组合键，选择绘图页面内的所有图形，在属性栏中单击 "修剪" 按钮，将图形进行修剪。

⑨　单击工具箱中的 "填充" 下拉按钮，在弹出的下拉按钮中选择 "渐变填充" 选项，打开 "渐变填充" 对话框，在 "类型" 下拉选项栏中选择 "射线" 选项，在 "颜色调和" 选项组中将 "从" 颜色显示窗内的颜色设置为白色，将 "到" 颜色显示窗内的颜色设置为橙色（C：1、M：51、Y：95、K：0），如图 3-6 所示，单击 "确定" 按钮，退出该对话框。

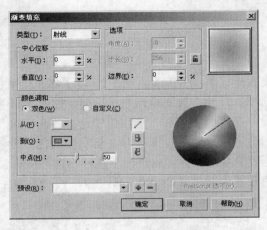

图 3-6　 "渐变填充" 对话框

⑩　确定填充后的图形处于被选择状态，单击工具箱中的 "交互式填充工具" 按钮，打开交互式填充手柄，然后参照图 3-7 所示调整手柄的位置。

⑪　在绘图页面右侧的调色板中右击 按钮，取消其轮廓线，在绘图页面空白处单击鼠标，取消交互式填充手柄，如图 3-8 所示。

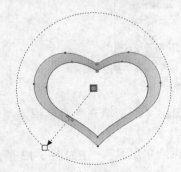

图 3-7　调整手柄的位置

图 3-8　取消其轮廓线和交互式填充手柄

⑫　单击工具箱中的 "交互式调和工具" 下拉按钮，在弹出的下拉按钮中选择 "阴影" 选项，在图形处拖动鼠标，这时在图形的周围产生阴影效果，在属性栏中的 "阴影的不透明" 参数栏中键入 90，在 "阴影羽化" 参数栏中键入 3，如图 3-9 所示。

⑬　单击工具箱中的 "挑选工具" 按钮，选择内部较小的心形，在绘图页面右侧的调色板中右击 按钮，取消其轮廓线，如图 3-10 所示。

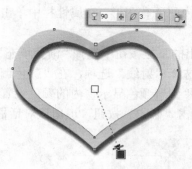

图 3-9　设置阴影效果

图 3-10　取消其轮廓线

14 确定图形处于被选择状态，单击工具箱中的 "填充"下拉按钮，在弹出的下拉按钮中选择"渐变填充"选项，打开"渐变填充"对话框，如图 3-11 所示。在"类型"下拉选项栏中选择"线性"选项，在"颜色调和"选项组中选择"自定义"单选按钮，将左侧的色带设置为紫色（C：95、M：98、Y：34、K：8），将右侧的色带设置为浅紫色（C：61、M：99、Y：4、K：0），在色带中双击鼠标，出现一个色标，在"位置"参数栏中键入 34，以确定色标位置，将色标颜色设置为紫色（C：90、M：99、Y：24、K：4）。

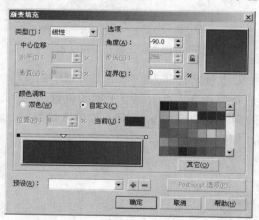

图 3-11　"渐变填充"对话框

15 在"渐变填充"对话框中单击"确定"按钮，退出"渐变填充"对话框，填充图形后的效果如图 3-12 所示。

16 接下来将绘制高光部分。选择工具箱中的 "贝塞尔工具"，在如图 3-13 所示的位置绘制一个闭合路径。

图 3-12　填充图形

图 3-13　绘制路径

提示

> 为了使读者能看清绘制的闭合路径，路径轮廓线以加粗白色显示。

17 在绘图页面右侧的调色板中右击 ⊠ 按钮，取消其轮廓线。

18 单击工具箱中的 ◇ "填充"下拉按钮，在弹出的下拉按钮中选择"渐变填充"选项，打开"渐变填充"对话框，在"类型"下拉选项栏中选择"线性"选项，在"选项"组下的"角度"参数栏中键入−90.0，在"边界"参数栏中键入 25，在"颜色调和"选项组中将"从"颜色显示窗内的颜色设置为白色，将"到"颜色显示窗内的颜色设置为蓝色（C：100、M：100、Y：0、K：0），如图 3-14 所示，单击"确定"按钮，退出该对话框。

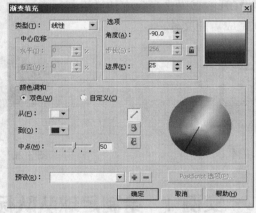

图 3-14 "渐变填充"对话框

19 确定填充后的图形处于被选择状态，单击工具箱中的 ◆ "交互式填充工具"按钮，打开交互式填充手柄，然后参照图 3-15 所示调整手柄的位置。

20 选择工具箱中的 ⛾ "交互式透明工具"，然后参照图 3-16 所示调整图形的交互式透明效果。

图 3-15 调整手柄的位置

图 3-16 设置图形透明效果

21 接下来需要添加文本。选择工具箱中的 字 "文本工具"，在绘图页面上单击鼠标确定文字的位置，在属性栏中的"字体列表"下拉选项栏中选择"方正胖头鱼简体"选项，在"从上部的顶部到下部的底部的高度"参数栏中键入 72，然后参照图 3-17 所示在绘图页面中键入"情缘"文本。

22 选择新键入的文本，取消其轮廓线，将文本填充为由白色到橘黄色（C：1、M：51、Y：95、K：0）的线性渐变色，如图 3-18 所示。

图 3-17　键入文本

图 3-18　填充图形

23 单击工具箱中的 **字** "文本工具"，在属性栏中的"字体列表"下拉选项栏中选择"方正剪纸简体"选项，在"从上部的顶部到下部的底部的高度"参数栏中键入 14，参照图 3-19 所示在绘图页面中键入"一生一世的情缘"文本，将文本颜色设置为白色，并取消轮廓线。

24 现在本实例的制作就全部完成了，完成后的效果如图 3-20 所示。如果读者在制作过程中遇到了什么问题，可以打开本书附带光盘中的"绘制标志/实例 3：绘制首饰盒/绘制首饰盒.cdr"文件，这是本实例完成后的文件。

图 3-19　键入文本

图 3-20　完成后的效果

实例 4　绘制足球队队标

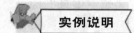

在本实例中，将指导读者绘制足球队队标，该实例为一个红黄相间的条纹旗帜。通过本实例的学习，使读者了解在 CorelDRAW X4 中贝塞尔工具和相交工具的使用方法。

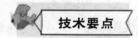

在本实例中，首先使用贝塞尔工具绘制闭合路径，然后使用形状工具调整路径状态，复制图形并调整副本图形的渐变填充，使用相交工具设置图形的相交，最后使用星形工具绘制五角星图形，完成本实例的制作。完成后的效果如图 4-1 所示。

图 4-1　足球队队标效果

1 运行 CorelDRAW X4，在运行界面上出现"快速入门"对话框。在该对话框中单击"新建空白文档"超链接，进入系统默认界面。

2 选择工具箱中的 "钢笔工具"，在绘图页面内绘制一个闭合路径，如图 4-2 所示。

如果需要绘制曲线，在需要放置节点的位置单击鼠标，将控制手柄拖动至要放置下一个节点的位置，松开鼠标，拖动控制手柄以创建曲线；如果需要绘制直线段，在线段起点位置单击鼠标，然后在该线段终点位置单击鼠标，即可完成线段的绘制。

提示

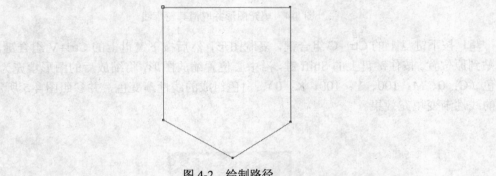

图 4-2　绘制路径

3 确定新绘制的路径处于被选择状态，选择工具箱中的 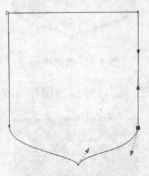 "形状工具"，然后选择路径节点，在属性栏中单击 "转换直线为曲线"按钮，调整图形底部的 3 个节点的控制手柄，使其呈现平滑过渡效果，如图 4-3 所示。

图 4-3　调整路径形态

在属性栏中单击转换曲线为直线、使节点成为尖突、平滑节点、生成对称节点按钮，拖动节点的控制手柄，不同的节点类型使其相邻的线段呈现不同形态。

提示

4 确定调整后的路径处于被选择状态，将其填充为红色（C：0、M：100、Y：100、K：0），并取消其轮廓线，如图 4-4 所示。

图4-4　填充图形并取消其轮廓线

5 按下键盘上的 Ctrl+C 组合键，复制图形，然后按下键盘上的 Ctrl+V 组合键，将图形粘贴到原位置。按住键盘上的 Shift 键，沿中心位置缩放图形，将缩放后的图形填充为由白色、红色（C：0、M：100、Y：100、K：0）、白色组成的线性渐变色，并参照图 4-5 所示调整图形的线性渐变填充效果。

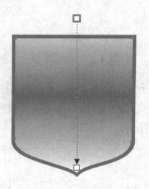

图4-5　填充图形

6 选择工具箱中的 ▢ "矩形工具"，然后参照图 4-6 所示绘制一个矩形。

图4-6　绘制矩形

7 选择新绘制的矩形和填充渐变色的图形，在属性栏中单击 ▣ "相交"按钮，使两个图形相交，将相交后的图形填充为黄色，并取消其轮廓线。删除原矩形，如图 4-7 所示。

图 4-7　删除原矩形

8　参照上述设置图形进行相交的方法，依次绘制另外两个图形，如图 4-8 所示。

图 4-8　绘制另外两个图形

9　选择工具箱中的 □ "矩形工具"，参照图 4-9 所示绘制一个矩形，将其填充为红色（C：0、M：100、Y：100、K：0），然后取消其轮廓线。

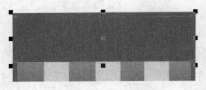

图 4-9　绘制一个矩形

10　按下键盘上的 Ctrl+C 组合键，复制图形；按下键盘上的 Ctrl+V 组合键，将图形粘贴到原位置，将复制的图形进行缩放，并将其填充为白色，如图 4-10 所示。

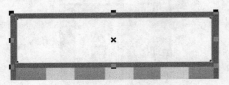

图 4-10　复制图形

11　选择工具箱中的 字 "文本工具"，在绘图页面内单击鼠标确定文字的位置，并键入"COMPETE"文本。选择该文本，在属性栏中的"字体列表"下拉选项栏中选择 Stencil Std 选项，确定字体的类型。在"从上部的顶部到下部的底部的高度"参数栏中键入 36，确定字体大小，然后将文本放置于如图 4-11 所示的位置。

图 4-11　键入文本

12 单击工具箱中的 ◯ "多边形工具"下拉按钮，在弹出的下拉按钮中选择 ☆ "星形"
选项，按住键盘上的 Ctrl 键，然后参照图 4-12 所示绘制一个星形图形。

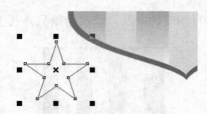

图 4-12　绘制星形图形

13 选择新绘制的星形图形，将其填充为黄色，并取消其轮廓线。

14 将填充后的星形图形复制 4 次，并参照图 4-13 所示调整各图形的位置。

图 4-13　调整各图形的位置

15 现在本实例的制作就全部完成了，完成后的效果如图 4-14 所示。如果读者在制作过
程中遇到了什么问题，可以打开本书附带光盘中的"绘制标志/实例 4：绘制足球队队标/绘制
足球队队标.cdr"文件，这是本实例完成后的文件。

图 4-14　完成后的效果

实例 5　绘制玻璃质感商标

在本实例中，将指导读者绘制一个带有玻璃质感的商标。本实例中背景为蓝色渐变，主体以 4 个大小不同的玻璃质感球形组成。通过本实例的学习，使读者了解在 CorelDRAW X4 中交互式调和工具和形状工具的使用方法。

在本实例中，首先使用矩形工具绘制矩形，使用渐变填充工具填充图形，然后使用椭圆形工具绘制正圆，通过交互式调和工具和形状工具设置高光效果，使用阴影工具设置阴影效果，将绘制的图形进行群组，复制图形并适当调整图形大小，最后键入相关文本，完成本实例的制作。完成后的效果如图 5-1 所示。

图 5-1　玻璃质感商标效果

1 运行 CorelDRAW X4，在运行界面上出现"快速入门"对话框。在该对话框中单击"新建空白文档"超链接，进入系统默认界面。

2 选择工具箱中的 □ "矩形工具"，在绘图页面内绘制一个任意矩形，选择新绘制的矩形，在属性栏中的 ↔ "对象大小"参数栏中键入 200.0 mm，以确定矩形宽度，在 ↕ "对象大小"参数栏中键入 120.0 mm，以确定矩形高度，调整后的矩形如图 5-2 所示。

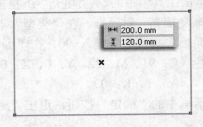

图 5-2　矩形效果

3 单击工具箱中的 ◇ "填充"下拉按钮，在弹出的下拉按钮中选择"渐变填充"选项，打开"渐变填充"对话框。在"类型"下拉选项栏中选择"线性"选项，在"选项"选项组中的"角度"参数栏中键入-90，在"颜色调和"选项组中，将"从"显示窗内的颜色设置为白色，将"到"显示窗内的颜色设置为蓝色（C：100、M：0、Y：0、K：0），如图 5-3 所示，单击"确定"按钮，退出该对话框。

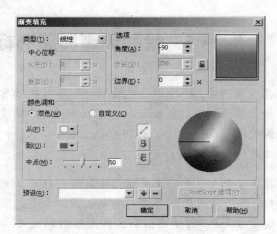

图 5-3 "渐变填充"对话框

4 确定填充后的图形处于被选择状态，单击工具箱中的 ，"交互式填充工具"按钮，打开交互式填充手柄，然后参照图 5-4 所示调整手柄的位置。

5 在绘图页面右侧的调色板中右击⊠按钮，取消其轮廓线。

6 单击工具箱中的 ○ "椭圆形工具"按钮，按住 Ctrl 键，在绘图页面内绘制一个正圆，选择新绘制的正圆，在属性栏中的 ↔ "对象大小"参数栏中键入 50，在 ↕ "对象大小"参数栏中键入 50，调整后的正圆如图 5-5 所示。

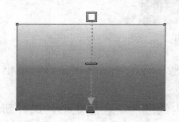

图 5-4 调整手柄的位置

图 5-5 正圆效果

7 选择新绘制的正圆，单击工具箱中的 ◇ "填充"下拉按钮，在弹出的下拉按钮中选择"渐变填充"选项。打开"渐变填充"对话框，在"类型"下拉选项栏中选择"线性"选项，在"选项"选项组中的"角度"参数栏中键入-90，在"颜色调和"选项组中，将"从"颜色显示窗内的颜色设置为蓝色（C：91、M：22、Y：0、K：0），将"到"颜色显示窗内的颜色设置为蓝色（C：61、M：4、Y：1、K：0）。

8 单击"渐变填充"对话框中的"确定"按钮，退出"渐变填充"对话框，填充后的效果如图 5-6 所示。

图 5-6 填充后的效果

⑨ 按下键盘上的 **Ctrl+C** 组合键，复制图形；按下键盘上的 **Ctrl+V** 组合键，将图形粘贴到原位置。

⑩ 将圆形沿中心位置缩放，将缩放后的图形填充为由白色到淡蓝色（C：24、M：3、Y：9、K：0）的线性渐变色，然后参照图 5-7 所示调整图形位置。

⑪ 确定圆形处于被选择状态，右击圆形内部，在弹出的快捷菜单中选择"转换为曲线"选项，将圆形转换为曲线。

⑫ 选择工具箱中的  "形状工具"，然后参照图 5-8 所示调整节点位置。

图 5-7　调整图形位置

图 5-8　调整节点位置

⑬ 选择工具箱中的 "交互式透明工具"，然后参照图 5-9 所示调整图形的交互式透明效果。

⑭ 选择工具箱中的 "交互式调和工具"，单击设置透明度后的图形，然后拖动至圆形上，将两个图形调和，如图 5-10 所示。

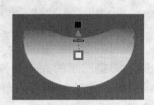

图 5-9　设置图形透明效果

图 5-10　调和图形

⑮ 选择工具箱中的 "椭圆形工具"，在圆形内部绘制一个椭圆，将该图形填充为白色，取消其轮廓线，如图 5-11 所示。

⑯ 选择工具箱中的 "交互式透明工具"，然后参照图 5-12 所示调整图形的交互式透明效果。

图 5-11　绘制椭圆

图 5-12　设置图形透明效果

17 选择工具箱中的"椭圆形工具"，在圆形底部绘制一个椭圆，将该图形填充为蓝色（C：97、M：73、Y：50、K：0），并取消其轮廓线，如图 5-13 所示。

18 选择工具箱中的"交互式透明工具"，然后参照图 5-14 所示调整图形的交互式透明效果。

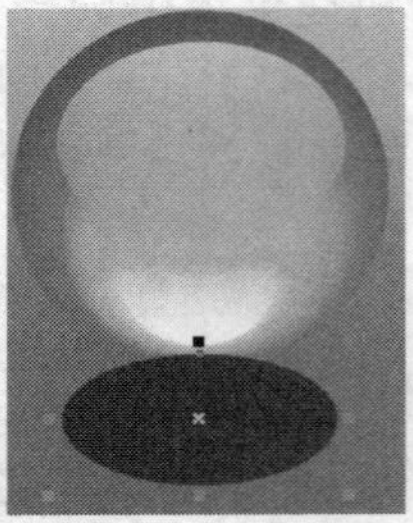

图 5-13　绘制椭圆

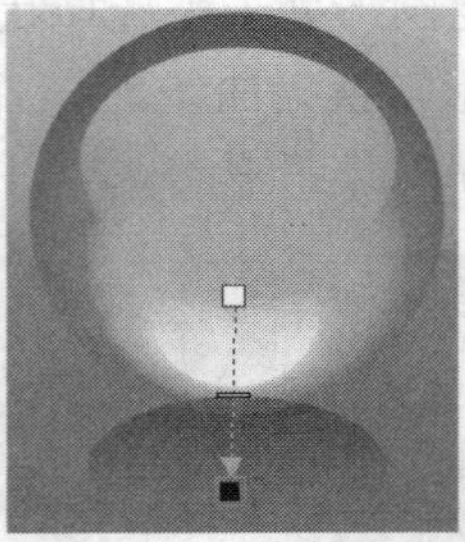

图 5-14　设置图形透明效果

19 执行菜单栏中的"排列"/"顺序"/"向后一层"命令，将图形移动至下一层，如图 5-15 所示。

20 选择工具箱中的"挑选工具"，然后选择除背景以外的全部图形，按下键盘上的 Ctrl+D 组合键，复制全部图形，并参照图 5-16 所示调整复制图形的大小和位置。

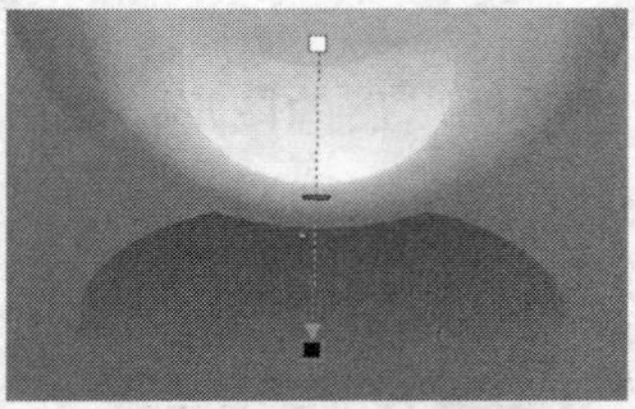

图 5-15　调整图形排列顺序

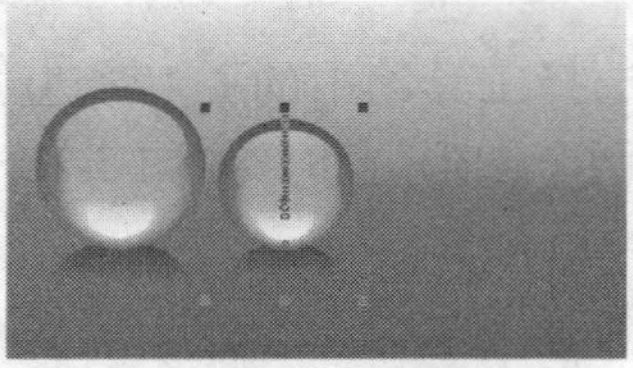

图 5-16　调整图形大小和位置

21 使用同样方法，将图形复制两次，并参照图 5-17 所示调整图形的大小和位置。

22 接下来需要添加文本。选择工具箱中的"文本工具"，在绘图页面内单击鼠标确定文字的位置，在属性栏中的"字体列表"下拉选项栏中选择"综艺体"选项，在"从上部的顶部到下部的底部的高度"参数栏中键入 36，在绘图页面底部键入"星盟国际有限公司"文本，如图 5-18 所示。

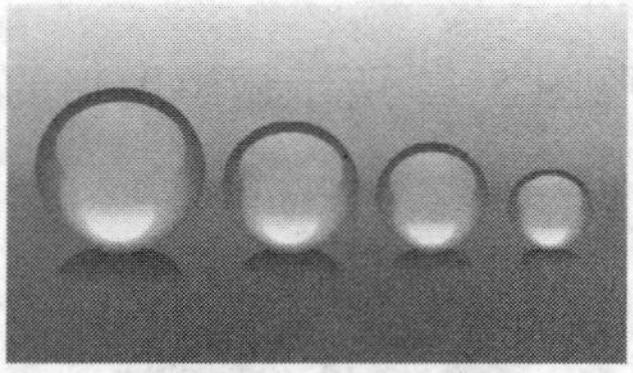

图 5-17　调整图形大小和位置

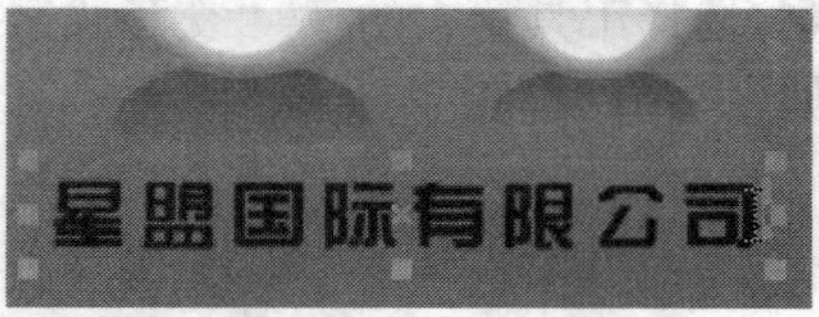

图 5-18　键入文本

23 选择新键入的文本，取消其轮廓线，将其填充为白色。

24 现在本实例的制作就全部完成了，完成后的效果如图 5-19 所示。如果读者在制作过程中遇到了什么问题，可以打开本书附带光盘中的"绘制标志/实例 5：绘制玻璃质感商标/绘制玻璃质感商标.cdr"文件，这是本实例完成后的文件。

图 5-19　完成后的效果

实例 6　绘制立体构成标志

在本实例中，将指导读者绘制一个立体构成标志。通过本实例的学习，使读者了解在 CorelDRAW X4 中交互式立体化工具的使用方法和交互式透明工具的使用方法，并了解立体图形的绘制方法。

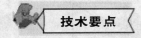

在本实例中，首先使用星形工具绘制星形图形，并设置渐变填充效果，然后使用交互式立体化工具设置立体化效果，接下来使用钢笔工具绘制闭合路径并进行填充和设置交互式透明效果，完成本实例的制作。完成后的效果如图 6-1 所示。

图 6-1　立体构成标志效果

1　运行 CorelDRAW X4，在运行界面上出现"快速入门"对话框。在该对话框中单击"新建空白文档"超链接，进入系统默认界面。

2　选择工具箱中的 ☆ "星形工具"，按住键盘上的 Ctrl 键，在绘图页面内绘制一个星形图形，如图 6-2 所示。

图 6-2　绘制一个星形图形

3　选择新绘制的星形图形，在属性栏中的"星形和复杂星形的锐度"参数栏中键入 35，如图 6-3 所示。

图 6-3　设置星形锐度

4 确定星形图形处于被选择状态，将其填充为由黄色（C：0、M：0、Y：100、K：0）到橘红色（C：0、M：60、Y：100、K：0）的线性渐变色，并取消其轮廓线，如图 6-4 所示。

5 单击工具箱中的 "交互式调和工具"下拉按钮，在弹出的下拉按钮中选择 "立体化"选项，选择星形图形，然后参照图 6-5 所示拖动对象，设置图形的方向和深度。

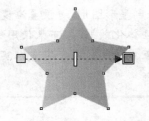

图 6-4　填充图形并取消其轮廓线

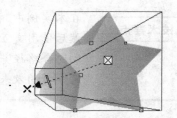

图 6-5　设置图形的立体化效果

> 如果要重置立体模型，在释放鼠标之前按 Esc 键。改变立体化模型的方向，使用交互式立体化工具，单击一个立体模型，单击灭点并朝所需的方向拖动；改变立体化模型的深度，使用交互式立体化工具，单击一个立体模型，将滑块拖动至交互式矢量手柄之间。

提示

6 在属性栏中的"深度"参数栏中键入 99，在 "灭点坐标"参数栏中键入-130.0 mm，在 "灭点坐标"参数栏中键入-100.0 mm，如图 6-6 所示。

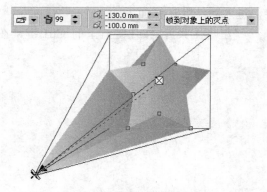

图 6-6　调整图形形态

7 选择工具箱中的 "钢笔工具"，然后参照图 6-7 所示绘制一个闭合路径。

8　选择新绘制的路径，将其填充为白色，并取消其轮廓线，如图 6-8 所示。

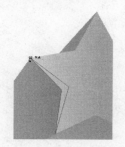

图 6-7　绘制路径

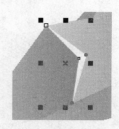

图 6-8　填充图形并取消其轮廓线

9　选择工具箱中的 ⊥ "交互式透明工具"，然后参照图 6-9 所示调整图形的交互式透明效果。

10　选择绘图页面内的所有图形，按下键盘上的 Ctrl+C 组合键，复制图形；按下键盘上的 Ctrl+V 组合键，将图形粘贴到原位置。然后参照图 6-10 所示缩放复制的图形，并调整图形的旋转角度。

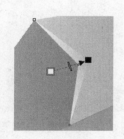

图 6-9　设置图形的透明效果

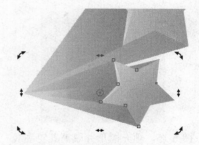

图 6-10　复制并调整图形

11　选择复制后的星形，将其填充为由红色（C：0、M：0、Y：100、K：0）到绿色（C：100、M：0、Y：100、K：0）的线性渐变色，如图 6-11 所示。

12　接下来使用上述复制图形并调整图形大小及旋转角度的方法，然后参照图 6-12 所示再次对图形进行复制。

图 6-11　填充图形

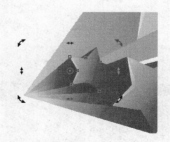

图 6-12　再次复制图形

13　将新复制后的图形填充为由白色到红色（C：4、M：95、Y：38、K：0）的线性渐变色，如图 6-13 所示。

14　选择工具箱中的 ☆ "星形工具"，绘制一个星形图形。选择该图形，在属性栏中的

"多边形、星形和复杂星形的点数或边数"参数栏中键入 4，确定图形的边数，如图 6-14 所示。

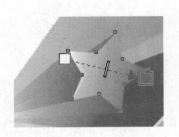

图 6-13　填充图形

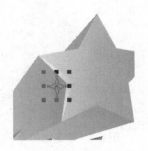

图 6-14　绘制星形图形

⑮　确定新绘制的星形图形处于被选择状态，将其填充为白色，并取消其轮廓线，如图 6-15 所示。

⑯　选择工具箱中的 🍸 "交互式透明工具"，在属性栏中的"透明度类型"下拉选项栏中选择"射线"选项，然后参照图 6-16 所示调整图形的交互式透明效果。

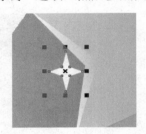

图 6-15　填充图形并取消其轮廓线

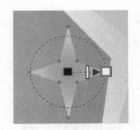

图 6-16　设置透明度效果

⑰　在绘图页面右侧的调色板中单击"白"色块，将其拖动至交互式透明手柄开始透明的位置，如图 6-17 左图所示；将调色板中的"黑"色块拖动至交互式透明手柄的结束位置，如图 6-17 右图所示。

⑱　设置星形图形的透明度后，将其进行多次复制，将复制后的图形进行适当缩放，并参照图 6-18 所示调整各图形的位置。

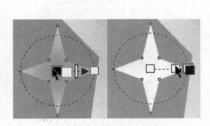

图 6-17　调整透明度

图 6-18　复制并调整各图形的大小和位置

⑲　现在本实例的制作就全部完成了，完成后的效果如图 6-19 所示。如果读者在制作过程中遇到了什么问题，可以打开本书附带光盘中的"绘制标志/实例 6：绘制立体构成标志/绘制立体构成标志.cdr"文件，这是本实例完成后的文件。

图 6-19 完成后的效果

实例 7 绘制卡通风格立体文字

在本实例中,将指导读者绘制卡通风格立体文字。通过本实例的学习,使读者了解在 CorelDRAW X4 中底纹填充工具、PostScript 工具和交互式立体化工具的使用方法。

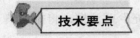

在本实例中,首先使用底纹填充工具填充背景,然后使用文本工具键入相关文本,使用交互式立体化工具设置文本立体效果,通过设置交互式立体化工具的相关属性,设置文本的灭点坐标、立体方向、颜色,使用打散立体化群组工具将文本打散,最后使用 PostScript 工具填充打散后的图形,完成本实例的制作。完成后的效果如图 7-1 所示。

图 7-1 卡通风格立体文字效果

1 选择工具箱中的 □ "矩形工具",在绘图页面内绘制一个任意矩形,在属性栏中的 ↔ "对象大小"参数栏中键入 200,确定矩形的宽度,在 ↕ "对象大小"参数栏中键入 150,确定矩形的高度,调整后的矩形如图 7-2 所示。

图 7-2 矩形效果

2 确定绘制的矩形处于被选择状态，单击工具箱中的 "填充" 下拉按钮，在弹出的下拉按钮中选择 "底纹填充" 选项，打开 "底纹填充" 对话框，在 "底纹库" 下拉选项栏中选择 "样式" 选项，在 "底纹列表" 下拉选项栏中选择 "水彩" 选项，如图 7-3 所示。

图 7-3 "底纹填充" 对话框

3 在 "底纹填充" 对话框中单击 "确定" 按钮，退出 "底纹填充" 对话框，将矩形填充。然后将矩形轮廓线设置为 20% 的黑色，如图 7-4 所示。

图 7-4 设置图形轮廓线

4 单击工具箱中 字 "文本工具" 按钮，在绘图页面内单击鼠标确定文字的位置，并键入 M 文本。选择该文本，在属性栏中的 "字体列表" 下拉选项栏中选择 "方正胖头鱼简体" 选项，确定字体的类型，在 "从上部的顶部到下部的底部的高度" 参数栏中键入 350，确定字体大小，将文本放置于如图 7-5 所示的位置。

图 7-5 键入文本

5 选择新键入的文本，将文本填充为黄色（C：0、M：0、Y：100、K：0），设置其轮廓线为青色（C：100、M：0、Y：0、K：0）。

6 选择工具箱中的 ![img] "交互式立体化工具"，拖动文本以设置文本的方向和深度，在属性栏中的 ![img] "灭点坐标"参数栏中键入-190.0 mm，在 ![img] "灭点坐标"参数栏中键入 150.0 mm，如图 7-6 所示。

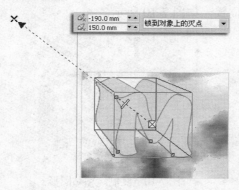

图 7-6 设置文本立体化"灭点坐标"

7 在属性栏中单击 ![img] "立体的方向"按钮，打开"立体的方向"面板。在该面板中单击 ![img] 按钮，进入"旋转值"面板，在 x 参数栏中键入 10，在 y 参数栏中键入 6，在 z 参数栏中键入 2，如图 7-7 所示。

8 在属性栏中单击 ![img] "颜色"按钮，打开"颜色"面板，在该面板中单击 ![img] "使用递减的颜色"按钮，进入"使用递减的颜色"编辑选项，将"从"颜色显示窗内的颜色设置为青色，将"到"颜色显示窗内的颜色设置为白色，如图 7-8 所示。

图 7-7 设置"旋转值"面板中的相关参数　　　图 7-8 设置"颜色"面板中的递减的颜色

9 选择工具箱中的 ![img] "挑选工具"，框选绘制的全部图形，执行菜单栏中的"排列" /"对齐与分布" / "在页面居中"命令，将所选图形在页面居中对齐，如图 7-9 所示。

图 7-9 将图形在页面居中对齐

⑩ 选择工具箱中的 ⬚ "挑选工具"，然后选择文字立体化部分，右击鼠标，在弹出的快捷菜单中选择"打散立体化群组"选项，将立体化文字打散。

⑪ 选择打散后的图形 M，按下键盘上的 **Ctrl+C** 组合键，复制图形；按下键盘上的 **Ctrl+V** 组合键，将图形粘贴到原位置，如图 7-10 所示。

图 7-10 复制、粘贴图形

⑫ 按住键盘上的 **Shift** 键，参照图 7-11 所示将粘贴后的图形沿中心位置等比例缩放。

图 7-11 缩放图形

⑬ 确定缩放后的图形处于被选择状态，单击工具箱中的 ⬚ "填充"下拉按钮，在弹出的下拉按钮中选择 PostScript 选项，打开"PostScript 底纹"对话框。选择"彩泡"选项，选择"预览填充"复选框，可以预览彩泡效果，如图 7-12 所示。

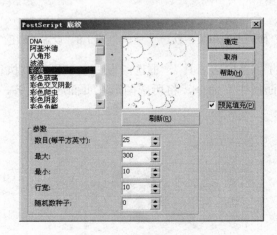

图 7-12 "PostScript 底纹"对话框

⑭ 在"PostScript 底纹"对话框中单击"确定"按钮，退出该对话框，将所选图形填充，

如图 7-13 所示。

图 7-13　填充 "PostScript 底纹"

15　现在本实例的制作就全部完成了，完成后的效果如图 7-14 所示。如果读者在制作过程中遇到了什么问题，可以打开本书附带光盘中的 "绘制标志/实例 7：绘制卡通风格立体文字/绘制卡通风格立体文字.cdr" 文件，这是本实例完成后的文件。

图 7-14　完成后的效果

实例 8　绘制光影图标

在本实例中，将指导读者绘制光影图标，本实例的标志整体是以红色为主，并使用阴影工具使图形具有立体效果。通过本实例的学习，使读者了解在 CorelDRAW X4 中移除前面对象工具和焊接工具的使用方法。

在本实例中，首先使用交互式阴影工具设置阴影效果，接下来使用文本工具键入文本，使用椭圆形工具绘制椭圆，依次使用移除前面对象和焊接工具设置图形的特殊效果，最后为图形添加阴影并进行复制和设置渐变填充效果，完成本实例的制作。完成后的效果如图 8-1 所示。

图 8-1　光影图标效果

1 运行 CorelDRAW X4，在运行界面上出现"快速入门"对话框。在该对话框中单击"新建空白文档"超链接，进入系统默认界面。

2 选择工具箱中的□"矩形工具"，在绘图页面内绘制一个任意矩形，在属性栏中的↔"对象大小"参数栏中键入 180，确定矩形的宽度，在↕"对象大小"参数栏中键入 160，确定矩形的高度，调整后的矩形如图 8-2 所示。

图 8-2　矩形效果

3 选择新绘制的矩形，将其填充为由红色（C：27、M：100、Y：98、K：0）到橘红色（C：0、M：86、Y：91、K：0）的线性渐变色，如图 8-3 所示。

图 8-3　设置矩形渐变效果

4 选择工具箱中的↖"挑选工具"，在绘图页面内的调色板中右击"10%黑"色块，将矩形轮廓线设置为灰色，在属性栏中的"选择轮廓宽度或键入新宽度"下拉选项栏中选择 3.0 mm 选项，设置其轮廓线的宽度，设置轮廓线后的效果如图 8-4 所示。

图 8-4　设置轮廓线后的效果

5 确定矩形处于被选择状态，单击工具箱中的□"交互式调和工具"下拉按钮，在弹出的下拉按钮中选择□"阴影"选项，在属性栏中的"预设列表"下拉选项栏中选择"平面右下"选项，在"阴影的不透明"参数栏中键入 15，在"阴影羽化"参数栏中键入 2，设置矩形的阴影效果，如图 8-5 所示。

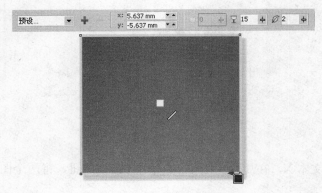

图 8-5　设置图形阴影效果

6　选择工具箱中的 字 "文本工具"，在绘图页面外单击确定文字的位置，并键入 "X" 文本，选择该文本，在属性栏中的 "字体列表" 下拉选项栏中选择 Myriad Pro 选项，确定字体的类型。在 "从上部的顶部到下部的底部的高度" 参数栏中键入 500 pt，确定字体大小，如图 8-6 所示。

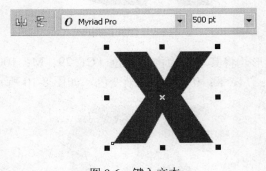

图 8-6　键入文本

7　选择工具箱中的 ⬭ "椭圆形工具"，按住键盘上的 Ctrl 键，绘制一个正圆。

8　将新绘制的正圆进行复制，并将复制的图形成比例缩放，如图 8-7 所示。

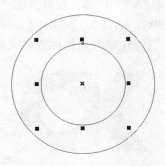

图 8-7　复制并缩放图形

9　框选两个正圆，在属性栏中单击 ⊞ "移除前面对象" 按钮，使后面的对象移除前面的对象，并生成新图形。

10　选择生成的新图形，将其进行适当缩放，并参照图 8-8 所示调整图形的位置。

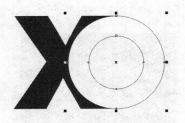

图 8-8　调整图形的位置

11 框选正圆和文本 X，在属性栏中单击 $\square$ "焊接"按钮，将两个图形进行焊接，如图 8-9 所示。

图 8-9　焊接图形

12 选择焊接后的图形，将其填充为由深红色（C：29、M：100、Y：98、K：0）到浅红色（C：0、M：84、Y：74、K：0）的线性渐变色，如图 8-10 所示。

图 8-10　填充图形

13 在状态栏上双击 $\square$ "轮廓颜色"按钮，在打开的"轮廓笔"对话框中设置轮廓颜色为深红色（C：29、M：100、Y：98、K：1），在属性栏中的"选择轮廓宽度或键入新宽度"下拉选项栏中选择 2.5 mm 选项，设置轮廓线后的图形效果如图 8-11 所示。

图 8-11　设置图形轮廓线后的效果

14 选择工具箱中的 $\square$ "交互式阴影工具"，在属性栏中的"预设列表"下拉选项栏中选择"平面右下"选项，在"阴影的不透明"参数栏中键入 15，在"阴影羽化"参数栏中键入 2，设置后的图形阴影效果如图 8-12 所示。

图 8-12　设置后的图形阴影效果

15　选择设置阴影前的图形，按下键盘上的 Ctrl+C 组合键，复制图形；按下键盘上的 Ctrl+V 组合键，粘贴图形至原位置。

16　选择复制后的图形，取消其轮廓线，如图 8-13 所示。

图 8-13　取消其轮廓线

17　将取消其轮廓线后的图形再次进行原地复制，选择工具箱中的 ◯ "椭圆形工具" 绘制一个椭圆，并将其放置在如图 8-14 所示的位置。

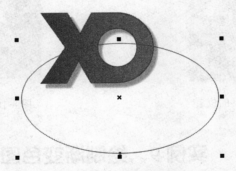

图 8-14　调整椭圆位置

18　确定新绘制的椭圆处于被选择状态，按住键盘上的 Shift 键，单击最后一次复制的图形，加选该图形，在属性栏中单击 ◲ "移除前面对象" 按钮，使后面的对象移除前面的对象，并生成新图形，如图 8-15 所示。

图 8-15　移除前面对象

18 确定生成的新图形处于被选择状态，将其填充为由红色（C：1、M：98、Y：92、K：0）到白色的线性渐变色，如图 8-16 所示。

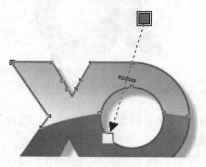

图 8-16 填充图形

20 选择绘图页面外的所有图形，将其拖动至绘图页面内，并参照图 8-17 所示调整图形的位置。

21 现在本实例的制作就全部完成了，完成后的效果如图 8-18 所示。如果读者在制作过程中遇到了什么问题，可以打开本书附带光盘中的"绘制标志/实例 8：绘制光影图标/绘制光影图标.cdr"文件，这是本实例完成后的文件。

图 8-17 调整图形的位置

图 8-18 完成后的效果

实例9 绘制渐变色图标

实例说明

在本实例中，将指导读者绘制渐变色图标，该图标为玻璃质感，具有复杂的反射和折射效果。通过本实例的学习，使读者了解在 CorelDRAW X4 中渐变填充工具、交互式透明工具的使用方法。

技术要点

在本实例中，首先将矩形转换为曲线，调整矩形形态，绘制立方体轮廓，然后使用渐变填充工具填充图形，使用贝塞尔工具绘制高光区域，使用透明度工具调整高光效果，复制立方体，使用色度/饱和度/亮度工具，调整图形色调，使用到页面后面工具调整图形的图层顺序，体现通透的三维立体效果，最后通过封套工具调整文本形态，完成本实例的制作。完成后的效果如图 9-1 所示。

图 9-1 渐变色图标效果

1 运行 CorelDRAW X4，在运行界面上出现"快速入门"对话框。在该对话框中单击"新建空白文档"超链接，进入系统默认界面。

2 选择工具箱中的 □ "矩形工具"，在绘图页面内绘制一个任意矩形，选择新绘制的图形，在属性栏中的 ↔ "对象大小"参数栏中键入 150，确定矩形的宽度，在 ↕ "对象大小"参数栏中键入 150，确定矩形的高度，调整后的矩形如图 9-2 所示。

3 确定绘制的矩形处于被选择状态，右击矩形内部，在弹出的快捷菜单中选择"转换为曲线"选项，将矩形转换为曲线。

4 选择工具箱中的 ↖ "形状工具"，然后参照图 9-3 所示调整图形形态。

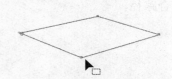

图 9-2 矩形效果   图 9-3 调整图形形态

5 单击工具箱中的 ◇ "填充"下拉按钮，在弹出的下拉按钮中选择"渐变填充"选项，打开"渐变填充"对话框，在"类型"下拉选项栏中选择"线性"选项，在"颜色调和"选项组中选择"自定义"单选按钮，这时可以设置渐变颜色，参照图 9-4 所示设置渐变色为由绿色（C：26、M：0、Y：89、K：0）、绿色（C：26、M：0、Y：89、K：0）、绿色（C：55、M：0、Y：96、K：0）、绿色（C：42、M：0、Y：93、K：0）色组成的线性渐变色。

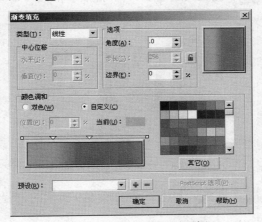

图 9-4 "渐变填充"对话框

⑥ 单击"渐变填充"对话框中的"确定"按钮，退出"渐变填充"对话框，取消图形轮廓线，完成立方体一个面的绘制，如图9-5所示。

图9-5 取消其轮廓线

⑦ 依照上述方法，绘制另外两个面，并填充渐变色，如图9-6所示。

图9-6 绘制其他面

⑧ 接下来绘制高光部分。选择工具箱中的 "贝塞尔工具"，在如图9-7所示的位置绘制一个闭合路径。

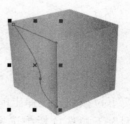

图9-7 绘制路径

⑧ 将新绘制的路径填充为淡绿色（C：15、M：0、Y：40、K：0），并取消其轮廓线。

⑩ 选择工具箱中的 "交互式透明工具"，然后参照图9-8所示调整图形的交互式透明效果。

图9-8 设置图形透明效果

⑪ 选择工具箱中的 "贝塞尔工具"，在如图9-9所示的位置绘制一个闭合路径。

图 9-9 绘制路径

12 将闭合路径填充为由绿色（C：15、M：5、Y：40、K：0）到白色的线性渐变色，并取消其轮廓线，如图 9-10 所示。

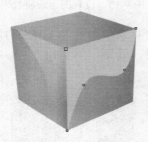

图 9-10 填充路径并取消其轮廓线

13 选择工具箱中的 "交互式透明工具"，然后参照图 9-11 所示调整图形的交互式透明效果。

图 9-11 设置图形透明效果

14 接下来绘制立方体边角高光效果。选择工具箱中的 "贝塞尔工具"，在如图 9-12 所示的位置绘制一个闭合路径。

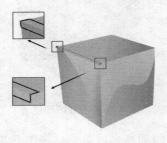

图 9-12 绘制路径

⒂ 将该闭合路径填充为白色，并取消其轮廓线。

⒃ 选择工具箱中的 ![] "交互式透明工具"，在属性栏中的"透明度类型"下拉选项栏中选择"射线"选项，然后参照图9-13所示调整图形的交互式透明效果。

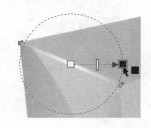

图 9-13　设置图形透明效果

⒄ 按照上述方法，使用 ![] "贝塞尔工具"，绘制另外两条闭合路径，将其填充为白色，取消其轮廓线，并设置透明度效果，效果如图9-14所示。

图 9-14　绘制另外两条高光效果

⒅ 按下键盘上的 Ctrl+A 组合键，选择绘制的全部图形；按下键盘上的 Ctrl+C 组合键，复制图形；按下键盘上的 Ctrl+V 组合键，将图形粘贴到原位置，将图形进行缩放并参照图9-15所示调整图形位置。

为了使读者能看清楚调整的图形位置，将缩放后的图形以轮廓形式显示。

提示

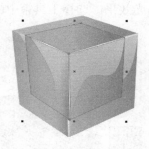

图 9-15　调整图形位置

⒆ 接下来绘制较小立方体四周高光效果。选择工具箱中的 ![] "贝塞尔工具"，在如图9-16所示的位置绘制一个闭合路径。

图 9-16　绘制路径

20　将路径填充为白色并取消其轮廓线，选择工具箱中的 "交互式透明工具"，在属性栏中的"透明度类型"下拉选项栏中选择"标准"选项，在"开始透明度"参数栏中键入40，如图 9-17 所示。

图 9-17　设置透明度

21　单击工具箱中的 "挑选工具"按钮，框选缩放后的全部图形，右击鼠标，在弹出的快捷菜单中选择"群组"选项，将图形进行群组。

22　确定群组后的图形处于被选择状态，执行菜单栏中的"效果"/"调整"/"色度/饱和度/亮度"命令，打开"色度/饱和度/亮度"对话框，在"亮度"参数栏中键入-95，如图9-18 所示。

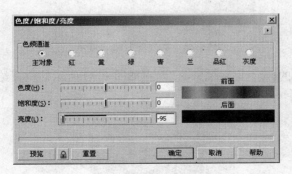

图 9-18　"色度/饱和度/亮度"对话框

23　单击"色度/饱和度/亮度"对话框中的"确定"按钮，退出"色度/饱和度/亮度"对话框，调整亮度后的效果如图 9-19 所示。

24　确定调整亮度后的图形处于被选择状态，执行菜单栏中的"排列"/"顺序"/"到页面后面"命令，将图形移动至页面后面，如图 9-20 所示。

图 9-19　调整图像亮度

图 9-20　调整图形顺序

25 选择工具箱中的 "贝塞尔工具"，在如图 9-21 所示的位置绘制一个闭合路径。

图 9-21　绘制路径

26 将路径填充为黄色（C：0、M：0、Y：40、K：0），并取消其轮廓线。

27 选择工具箱中的 "交互式透明工具"，然后参照图 9-22 所示设置图形的交互式透明效果。

图 9-22　设置图形透明效果

28 选择工具箱中的 "贝塞尔工具"，在如图 9-23 所示的位置绘制一个闭合路径。

图 9-23　绘制路径

29 将闭合路径填充为酒绿色（C：40、M：0、Y：100、K：0），并取消其轮廓线。

30 选择工具箱中的 "交互式透明工具"，然后参照图 9-24 所示设置图形的交互式透明效果。

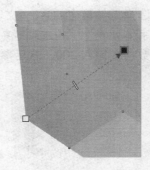

图 9-24　设置图形透明效果

31　选择工具箱中的　"贝塞尔工具"，在图形左下方绘制一个闭合路径，如图 9-25 所示。

图 9-25　绘制路径

32　将路径填充为酒绿色（C：40、M：0、Y：100、K：0），并取消其轮廓线。

33　选择工具箱中的　"交互式透明工具"，然后参照图 9-26 所示设置透明度效果。

图 9-26　设置透明度

34　依照上述方法，绘制图形右侧高光效果，如图 9-27 所示。

图 9-27　绘制图形右侧高光效果

35 接下来需要添加文本。选择工具箱中的 字 "文本工具"，在绘图页面内单击鼠标确定文字的位置，在属性栏中的 "字体列表" 下拉选项栏中选择 Arial Black 选项，在 "从上部的顶部到下部的底部的高度" 参数栏中键入 200，然后参照图 9-28 所示键入 "U" 文本。

图 9-28　键入文本

36 将文本颜色设置为白色，设置文本轮廓线颜色为黄色（C：0、M：0、Y：100、K：0），如图 9-29 所示。

图 9-29　设置文本填充颜色和轮廓线颜色

37 确定键入的文本处于被选择状态，选择工具箱中的 图 "交互式封套工具"，为文本添加封套，选择如图 9-30 所示的节点，按下键盘上的 Delete 键，删除节点。

图 9-30　选择节点

38 拖动封套两侧节点，将文本调整为如图 9-31 所示的形态。

图 9-31　调整文本形态

39 现在本实例的制作就全部完成了，完成后的效果如图 9-32 所示。如果读者在制作过程中遇到了什么问题，可以打开本书附带光盘中的 "绘制标志/实例 9：绘制渐变色图标/绘制渐变色图标.cdr"文件，这是本实例完成后的文件。

图 9-32　完成后的效果

实例 10　绘制变形文字标志

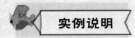

在本实例中，将指导读者绘制变形文字标志，本实例的标志整体以一个简单图形作为背景，以特殊的文本图形组成特效字体。通过本实例的学习，使读者了解在 CorelDRAW X4 中底纹填充工具的具体应用和编辑文本的方法。

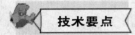

在本实例中，首先使用底纹填充工具为图形添加底纹效果，然后使用文本工具键入文本，使用形状工具删除文本的节点，接下来使用贝塞尔工具绘制叶状路径，并设置填充和轮廓线宽度，最后使用交互式封套工具调整文本的封套效果，使用交互式阴影工具调整图形整体的阴影效果，完成本实例的制作。完成后的效果如图 10-1 所示。

图 10-1　变形文字标志效果

1　运行 CorelDRAW X4，在运行界面上出现"快速入门"对话框。在该对话框中单击"新建空白文档"超链接，进入系统默认界面。

2　选择工具箱中的 "矩形工具"，在绘图页面内绘制一个矩形，如图 10-2 所示。

图 10-2　绘制矩形

3 选择新绘制的矩形，单击工具箱中的 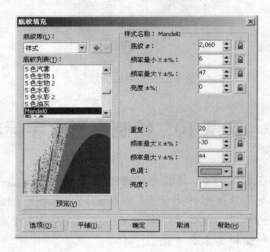"填充工具"下拉按钮，在弹出的下拉按钮中选择"底纹填充"选项，打开"底纹填充"对话框。在"底纹库"下拉选项栏中选择"样式"选项，在"底纹列表"下拉选项栏中选择 Mandel0 选项，将色调设置为绿色（C：28、M：0、Y：97、K：0），如图 10-3 所示，其他参数使用默认设置。

图 10-3　"底纹填充"对话框

4 在"底纹填充"对话框中单击"确定"按钮，退出"底纹填充"对话框。设置底纹填充后的图形效果如图 10-4 所示。

图 10-4　设置底纹填充后的效果

5 选择工具箱中的 字 "文本工具"，在绘图页面内单击确定文字的位置，并键入"时尚家居"文本。选择该文本，在属性栏中的"字体列表"下拉选项栏中选择"特粗黑体"选项，确定字体的类型。在"从上部的顶部到下部的底部的高度"参数栏中键入 85，确定字体大小，并放置在如图 10-5 所示的位置。

图 10-5　键入文本

6 在新键入的文本处右击鼠标，在弹出的快捷菜单中选择"转换为曲线"选项，将文本转换为曲线。

7 选择工具箱中的 ✎ "形状工具"，参照图 10-6 所示的左图框选字符 "时" 中的节点，并按下键盘上的 Delete 键，删除所选的节点，如图 10-6 右图所示。

图 10-6 删除节点

8 接下来使用同样方法，参照图 10-7 所示依次删除其他字符的节点。

图 10-7 删除其他文本的节点

9 选择工具箱中的 ▷ "挑选工具"，选择删除节点后的文本，在绘图页面右侧的调色板中单击 "橘红" 色块，将图形填充为橘红色，右击 "白" 色块，设置轮廓线为白色，在属性栏中的 "选择轮廓宽度或键入的新宽度" 下拉选项栏中选择 0.75 mm 选项，设置轮廓线的宽度，如图 10-8 所示。

图 10-8 填充图形并设置轮廓线

10 选择工具箱中的 ◯ "椭圆形工具"，然后参照图 10-9 所示绘制一个椭圆，将其填充为红色（C：0、M：100、Y：100、K：0），设置轮廓线为绿色（C：100、M：0、Y：100、K：0），设置轮廓线的宽度为 0.75 mm。

图 10-9 绘制椭圆

11 使用上述绘制椭圆并进行填充和设置轮廓线的方法，参照图 10-10 所示依次绘制另外 4 个椭圆，将其分别填充为黄色（C：0、M：0、Y：100、K：0）、红色（C：0、M：100、

Y：100、K：0）、黄色（C：0、M：0、Y：100、K：0）和黄色（C：0、M：0、Y：100、K：0），轮廓线颜色分别设置为蓝色（C：100、M：0、Y：0、K：0）、蓝色（C：100、M：0、Y：0、K：0）、红色（C：0、M：100、Y：100、K：0）和蓝色（C：100、M：0、Y：0、K：0），轮廓线宽度均设置为 0.75 mm。

图 10-10　绘制另外两个椭圆

12 选择工具箱中的 "贝塞尔工具"，然后参照图 10-11 所示绘制一个闭合路径。

13 选择工具箱中的 "形状工具"，然后参照图 10-12 所示调整路径的形态。

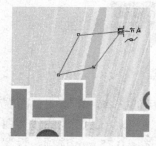

图 10-11　绘制路径

图 10-12　调整路径的形态

14 选择调整后的路径，将其填充为棕色（C：28、M：44、Y：99、K：0），设置轮廓线颜色为白色，轮廓线宽度设置为 0.75 mm，如图 10-13 所示。

15 确定填充后的图形处于被选择状态，再次单击图形，显示旋转手柄，并参照图 10-14 所示移动中心的位置。

图 10-13　填充图形并设置轮廓线

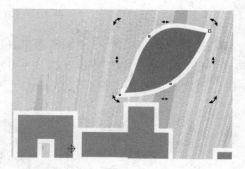

图 10-14　移动中心的位置

16 按下键盘上的 **Ctrl+C** 组合键，复制图形；按下键盘上的 **Ctrl+V** 组合键，将图形粘贴到原位置。

17 选择复制后的图形，将其填充为绿色（C：82、M：4、Y：100、K：0），并在属性栏中的 "旋转角度" 参数栏中键入 35，确定图形的旋转角度，旋转后的图形效果如图 10-15 所示。

图 10-15 旋转后的图形效果

⑱ 使用上述旋转图形并进行填充的方法，参照图 10-16 所示复制另外 3 个图形，并将其旋转角度依次设置为 70、105、140，分别填充为橘黄色（C：4、M：41、Y：95、K：0）、绿色（C：82、M：4、Y：100、K：0）和棕色（C：28、M：44、Y：99、K：0）。

图 10-16 复制其他图形

⑲ 选择工具箱中的 字 "文本工具"，在绘图页面内单击鼠标确定文字的位置，并键入文本。选择该文本，在属性栏中的 "字体列表" 下拉选项栏中选择 Arial Black 选项，确定字体的类型。在 "从上部的顶部到下部的底部的高度" 参数栏中键入 24，确定字体大小，并将其移动到如图 10-17 所示的位置。

图 10-17 键入文本并进行移动

⑳ 确定新键入的文本处于被选择状态，将其填充为黄色（C：2、M：9、Y：95、K：0），设置轮廓色为白色，设置轮廓线宽度为 0.75 mm，如图 10-18 所示。

图 10-18 设置文本的填充颜色和轮廓线

㉑ 选择工具箱中的 "交互式封套工具"，这时在文本上出现一个封套。双击封套以

添加节点，选择新添加的节点，移动节点，如图 10-19 所示。

> 在属性栏中的"预设列表"下拉选项栏中选择一种选项，将图形设置为该封套形状，单击□"封套的直线模式"按钮，基于直线创建封套，为对象添加透视点；单击□"封套的单弧模式"按钮，创建一边带弧形的封套，使对象的外观呈凹面结构或凸面结构；单击□"封套的双弧模式"按钮，创建一边或多边带 S 形的封套；单击✓"封套的非强制模式"，创建任意形式的封套，允许改变节点的属性以及添加和删除节点。
>
> **提示**

图 10-19　设置文本的封套

22　选择工具箱中的 ▷ "挑选工具"，选择除矩形外的所有图形，选择工具箱中的 □ "交互式阴影工具"，在属性栏中的"预设列表"下拉选项栏中选择"大型辉光"选项，在"阴影的不透明"参数栏中键入 20，在"阴影羽化"参数栏中键入 15，并将阴影颜色设置为黑色，设置阴影后的效果如图 10-20 所示。

图 10-20　设置图形阴影效果

23　现在本实例的制作就全部完成了，完成后的效果如图 10-21 所示。如果读者在制作过程中遇到了什么问题，可以打开本书附带光盘中的"绘制标志/实例 10：绘制变形文字标志/绘制变形文字标志.cdr"文件，这是本实例完成后的文件。

图 10-21　完成后的效果

第 2 篇

时尚杂志插画

　　杂志插画要求的精度较高，通常会使用较为鲜艳的色彩，并常使用外部导入的位图辅助完成设计，在这一部分中，着重介绍了 CorelDRAW X4 中色彩填充和编辑工具，以及位图编辑工具的使用方法。通过这部分实例，使读者了解相关工具的使用方法和时尚杂志插画的绘制方法。

实例 11　绘制书籍装饰（页眉）

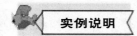 **实例说明**　在本实例和实例 12 中，将指导读者绘制书籍的页眉和页脚，本实例将绘制页眉部分，页眉部分包括图案和文本，装饰性较强。通过本实例的学习，使读者了解在 CorelDRAW X4 中对象管理器的使用方法和焊接图形的设置方法。

 **技术要点**　在本实例中，首先使用贝塞尔工具绘制闭合路径，使用形状工具调整路径状态，然后使用焊接工具焊接图形并填充图形，接下来使用交互式填充工具设置填充效果，使用移除前面对象工具移除前面图形，使其产生特殊效果，并使用交互式透明工具设置图形的交互式透明效果，最后使用矩形工具绘制矩形条，完成本实例的制作。完成后的效果如图 11-1 所示。

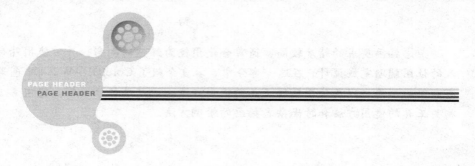

图 11-1　书籍装饰页眉效果

　　1 运行 CorelDRAW X4，在运行界面上出现"快速入门"对话框。在该对话框中单击"新建空白文档"超链接，进入系统默认界面。

　　2 执行菜单栏中的"窗口"/"泊坞窗"/"对象管理器"命令，打开"对象管理器"泊坞窗，如图 11-2 所示。

图 11-2　打开"对象管理器"泊坞窗

　　3 选择工具箱中的  "椭圆形工具"，在如图 11-3 所示的位置绘制一个直径为 38 mm

的正圆，这时在"对象管理器"泊坞窗中出现"椭圆形"选项。

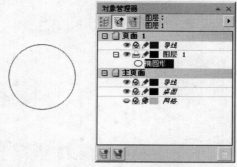

图 11-3 绘制一个正圆

4 选择工具箱中的 ◯ "椭圆形工具"绘制一个椭圆，将其直径设置为 24 mm，并移动至如图 11-4 所示的位置。

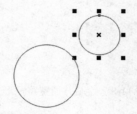

图 11-4 绘制另一个椭圆

5 选择工具箱中的 ✎ "贝塞尔工具"，然后参照图 11-5 所示绘制一个闭合路径。

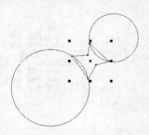

图 11-5 绘制路径

6 确定新绘制的路径处于被选择状态，选择工具箱中的 ▶ "形状工具"，参照图 11-6 所示调整路径形态。

图 11-6 调整路径形态

7 选择工具箱中的 ◯ "椭圆形工具"绘制一个椭圆，将其直径设置为 16 mm，并移动至如图 11-7 所示的位置。

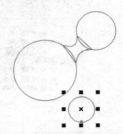

图 11-7 绘制椭圆

8 选择工具箱中的 ◣ "贝塞尔工具"，然后参照图 11-8 所示的左图绘制一个闭合图形，选择工具箱中的 ◣ "形状工具"，参照图 11-8 所示的右图调整路径形态。

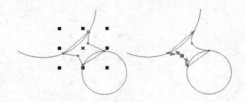

图 11-8 绘制并调整路径形态

9 框选绘图页面内的所有图形，在属性栏中单击 ◳ "焊接"按钮，使所选图形进行焊接，这时在"对象管理器"泊坞窗中出现"曲线"选项，如图 11-9 所示。

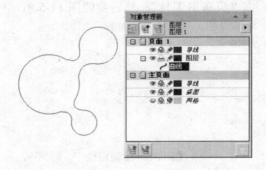

图 11-9 焊接对象

10 确定"曲线"选项处于被选择状态，将其填充为灰色（C：9、M：6、Y：6、K：0），并取消其轮廓线，如图 11-10 所示。

图 11-10 填充图形并取消其轮廓线

⑪　选择工具箱中的 ⬭ "椭圆形工具"，在如图 11-11 所示的位置绘制一个椭圆。

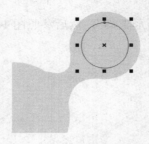

图 11-11　绘制一个椭圆

⑫　确定新绘制的椭圆处于被选择状态，在工具箱中单击 ◈ "填充"下拉按钮，在弹出的下拉按钮中选择"渐变填充"选项，打开"渐变填充"对话框。在"类型"下拉选项栏中选择"射线"选项，在"颜色调和"选项组中，将"从"显示窗中的颜色设置为黄色（C：0、M：99、Y：95、K：0），将"到"显示窗中的颜色设置为深黄色（C：2、M：11、Y：95、K：0），单击"确定"按钮，退出该对话框，填充图形，如图 11-12 所示。

⑬　选择工具箱中的 ⬭ "椭圆形工具"，在如图 11-13 所示的位置绘制一个椭圆。

图 11-12　填充图形

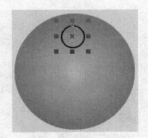

图 11-13　绘制一个椭圆

⑭　确定新绘制的椭圆处于被选择状态，选择工具箱中的 ⬚ "挑选工具"，再次单击图形，显示旋转手柄，将中心移动至如图 11-14 所示的位置。

⑮　按下键盘上的 Ctrl+C 组合键，复制图形；按下键盘上的 Ctrl+V 组合键，粘贴图形至原位置。

⑯　选择复制的图形，在属性栏中的"旋转角度"参数栏中键入 45，使所选图形旋转 45º，如图 11-15 所示。

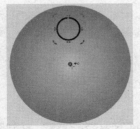

图 11-14　移动中心的位置

图 11-15　旋转图形

17 接下来使用上述复制并旋转图形的方法，再次进行多次复制，并将复制后的图形依次递加旋转 45°，如图 11-16 所示。

18 选择工具箱中的 ○ "椭圆形工具"，然后参照图 11-17 所示的位置绘制一个椭圆。

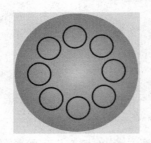
图 11-16　复制并旋转其他图形

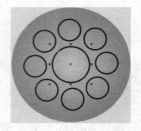
图 11-17　绘制椭圆

19 框选绘图页面内的所有椭圆，在属性栏中单击 ⌷ "移除前面对象"，修剪后的效果如图 11-18 所示。

20 移除前面对象后，在"对象管理器"泊坞窗中生成"曲线"选项，选择该选项，单击该选项名称，将其重命名为"圈环"，如图 11-19 所示。

图 11-18　移除前面对象

图 11-19　重命名对象

21 选择"圈环"选项，选择工具箱中的 🍸 "交互式调透明工具"，在属性栏中的"透明度类型"下拉选项栏中选择"线性"选项，参照图 11-20 所示调整图形的交互式透明效果。

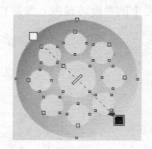
图 11-20　设置图形透明效果

22 确定"圈环"选项处于被选择状态，按下键盘上的 Ctrl+C 组合键，复制图形；按下键盘上的 Ctrl+V 组合键，粘贴图形至原位置。

23 选择复制后的图形，选择工具箱中的 🔲 "交互式透明工具"，在属性栏中单击 🔘 "清除透明度"按钮，清除该图形的交互式透明度效果。将其填充为白色，并参照图 11-21 所示调整图形的大小和位置。

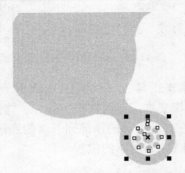

图 11-21　调整图形的大小和位置

24 选择工具箱中的 🔲 "矩形工具"，绘制一个宽度为 160 mm，高度为 1 mm 的矩形，将其移动至如图 11-22 所示的位置。

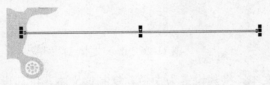

图 11-22　绘制矩形

25 选择新绘制的矩形，将其填充为黄色（C：0、M：0、Y：100、K：0），并取消其轮廓线，如图 11-23 所示。

图 11-23　填充图形并取消其轮廓线

26 接下来将矩形复制 3 次，依次将其填充为青色（C：100、M：0、Y：0、K：0）、红色（C：0、M：100、Y：100、K：0）和蓝色（C：100、M：100、Y：0、K：0），并参照图 11-24 所示调整各矩形的位置。

图 11-24　调整各矩形位置

27 框选 4 个矩形，执行菜单栏中的"排列"/"顺序"/"到图层后面"命令，使所选的图形置于图层的后面，如图 11-25 所示。

图 11-25　调整图层的位置

28　选择工具箱中的 **字** "文本工具"，在绘图页面内单击鼠标确定文字的位置，并键入 "PAGE HEADER" 文本。选择该文本，在属性栏中的 "字体列表" 下拉选项栏中选择 Arial Black 选项，确定字体的类型，在 "从上部的顶部到下部的底部的高度" 参数栏中键入 9，确定字体大小，将文本放置于如图 11-26 所示的位置。

图 11-26　键入文本

29　选择新键入的文本，将其设置为白色，复制该文本，将其设置为灰色（C：0、M：0、Y：0、K：40），并移动至如图 11-27 所示的位置。

图 11-27　复制并调整文本属性

30　现在本实例的制作就全部完成了，完成后的效果如图 11-28 所示。将该文件保存，以便在实例 12 中使用。

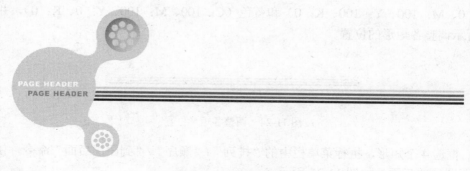

图 11-28　完成后的效果

实例 12　绘制书籍装饰（页脚）

实例说明　在本实例中，将指导读者绘制书籍的页脚，完成书籍装饰的绘制。通过本实例的学习，使读者了解在 CorelDRAW X4 中添加节点和删除节点的设置方法，以及垂直镜像工具的使用方法。

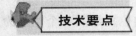

技术要点　在本实例中，首先复制实例 11 中的矩形，使用椭圆形工具绘制椭圆，使用矩形工具绘制矩形，然后使用对齐与分布工具使绘制的图形对齐，并使用焊接工具焊接图形，接下来使用形状工具添加节点，调整节点并填充图形，使用矩形工具绘制矩形条，使用椭圆形工具绘制椭圆，并设置渐变填充效果，最后使用贝塞尔工具绘制闭合路径，设置渐变填充效果，完成本实例的制作。完成后的效果如图 12-1 所示。

1 运行 CorelDRAW X4，在运行界面上出现"快速入门"对话框。在该对话框中单击"打开其他文档"按钮，打开"打开绘图"对话框，选择本书附带光盘中的"时尚杂志插画/实例 11~12：绘制书籍装饰/绘制书籍装饰.cdr"文件，单击"打开"按钮，打开该文件。

2 框选 4 个矩形，按下键盘上的 **Ctrl+C** 组合键，复制图形；按下键盘上的 **Ctrl+V** 组合键，将图形粘贴至原位置。

3 选择复制后的图形，在属性栏中的"旋转角度"参数栏中键入 90，使所选图形旋转 90º，然后将旋转后的图形移动至图 12-2 所示的位置。

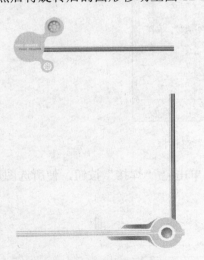

图 12-1　书籍装饰效果

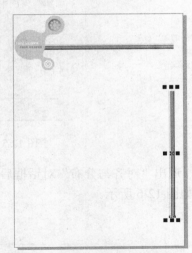

图 12-2　调整图形的位置

4 选择工具箱中的 ◯ "椭圆形工具"，然后参照图 12-3 所示的位置绘制一个直径为 39 mm 的椭圆。

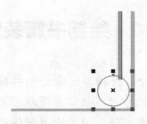

图 12-3　绘制一个椭圆

5　选择工具箱中的 □ "矩形工具"，然后参照图 12-4 所示的位置绘制一个宽度为 205 mm，高度为 7.5 mm 的矩形。

图 12-4　绘制矩形

6　选择新绘制的矩形和椭圆，在属性栏中单击 ▤ "对齐与分布"按钮，打开"对齐与分布"对话框，进入"分布"面板，并选择竖排的"中"复选框，如图 12-5 所示。然后单击"应用"按钮，确定所选图形以中心对齐，再次单击"关闭"按钮，退出该对话框。

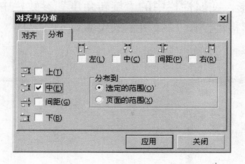

图 12-5　"对齐与分布"对话框

7　退出"对齐与分布"对话框后，在属性栏中单击 🔲 "焊接"按钮，使所选图形进行焊接，如图 12-6 所示。

图 12-6　焊接图形

8　确定焊接后的图形处于被选择状态，选择工具箱中的 ▶ "形状工具"，在如图 12-7 所示的位置进行双击，添加一个节点。

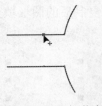

图 12-7　添加节点

9 使用同样方法，参照图 12-8 所示为图形添加其他的节点。

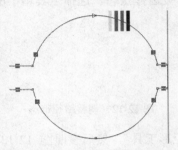

图 12-8　为图形添加其他的节点

10 按住键盘上的 Shift 键，加选如图 12-9 所示的左图节点，按下键盘上的 Delete 键，删除所选的节点，生成如图 12-9 所示的右图效果。

提示

选择节点，右击鼠标，在弹出的快捷菜单中选择"删除"选项，或双击节点，均可删除该节点。

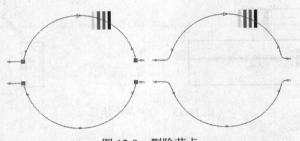

图 12-9　删除节点

11 选择调整节点后的图形，将其填充为灰色（C：9、M：6、Y：6、K：0），并取消其轮廓线，如图 12-10 所示。

图 12-10　填充图形并取消其轮廓线

12 将填充后的图形进行复制，将复制后的图形填充为白色，并参照图 12-11 所示调整图形的大小和位置。

图 12-11　调整图形的大小和位置

13 确定复制后的图形处于被选择状态，选择工具箱中的 "形状工具"，然后参照图 12-12 所示调整路径形态。

图 12-12　调整路径形态

14 使用工具箱中的 "矩形工具"，然后参照图 12-13 所示绘制两个矩形，将其均填充为白色，并取消其轮廓线。

提示

为了使读者更为清楚地观察图像位置，将图像以黑色显示。

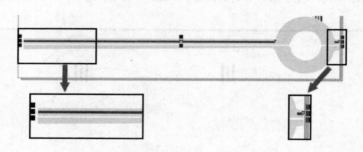

图 12-13　绘制两个矩形

15 选择工具箱中的 "椭圆形工具"，然后参照图 12-14 所示绘制一个椭圆。

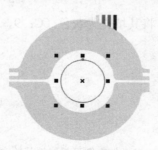

图 12-14　绘制一个椭圆

16 确定新绘制的椭圆处于被选择状态，选择工具箱中的 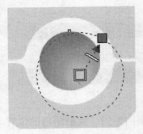 "交互式填充工具"，将其填充为由红色（C：0、M：100、Y：100、K：0）到黄色（C：0、M：0、Y：100、K：0）的射线渐变色，如图 12-15 所示。

图 12-15　填充图形

17 选择工具箱中的 "贝塞尔工具"，然后参照图 12-16 所示绘制一个闭合路径。

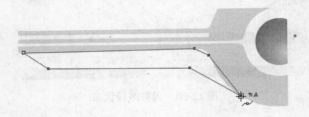

图 12-16　绘制路径

18 确定新绘制的闭合路径处于被选择状态，选择工具箱中的 "形状工具"，然后参照图 12-17 所示调整路径形态。

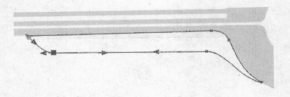

图 12-17　调整路径形态

19 调整路径后，将其填充为由红色（C：0、M：100、Y：100、K：0）到黄色（C：0、M：0、Y：100、K：0）的射线渐变色，并取消其轮廓线，然后将其移动至如图 12-18 所示的位置。

图 12-18　调整图形位置

20 将填充后的图形进行复制，选择复制后的图形，在属性栏中单击 "垂直镜像"按钮，使图形进行垂直镜像，然后将镜像后的图形移动至图 12-19 所示的位置。

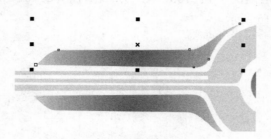

图 12-19　调整图形的位置

21 选择工具箱中的 "形状工具"，选择如图 12-20 所示的左图节点，将其移动至如图 12-20 所示的右图位置。

图 12-20　调整路径状态

22 现在本实例的制作就全部完成了，完成后的效果如图 12-21 所示。如果读者在制作过程中遇到了什么问题，可以打开本书附带光盘中的"时尚杂志插画/实例 11~12：绘制书籍装饰/绘制书籍装饰.cdr"文件，这是本实例完成后的文件。

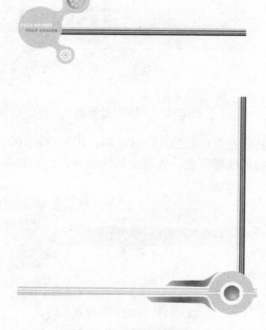

图 12-21　完成后的效果

实例 13　绘制杂志封面（背景制作）

实例说明

在本实例和实例 14 中，将指导读者绘制杂志封面。在本实例中，将绘制背景部分，包括背景颜色、封面图案等。通过本实例的学习，使读者了解在 CorelDRAW X4 中放置在容器中工具和移除前面的对象工具的使用方法。

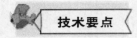
技术要点

在本实例中，首先使用左边矩形的边角圆滑度工具设置矩形左侧的顶、底边角圆滑度效果，然后导入背景素材图像，使用放置在容器中工具将背景素材图像放置到矩形中，使用贝塞尔工具和透明度工具绘制杂志封面上的光泽部分，使用移除前面的对象工具绘制杂志封面的书钉图形，最后键入相关文本，完成本实例的制作。完成后的效果如图 13-1 所示。

图 13-1　杂志封面背景部分效果

1　运行 CorelDRAW X4，在运行界面上出现"快速入门"对话框。在该对话框中单击"新建空白文档"超链接，进入系统默认界面。

2　选择工具箱中的 □ "矩形工具"，在绘图页面内绘制一个任意矩形，选择新绘制的图形，在属性栏中的 ↔ "对象大小"参数栏中键入 200，确定矩形的宽度，在 ↕ "对象大小"参数栏中键入 200，确定矩形的高度。

3　将该矩形填充为淡绿色（C：6、M：1、Y：14、K：0），取消其轮廓线，如图 13-2 所示。

图 13-2　填充矩形并取消其轮廓线

4️⃣ 选择工具箱中的 □ "矩形工具"，在新绘制的矩形内部绘制一个任意矩形，选择新绘制的图形，在属性栏中的 ↔ "对象大小"参数栏中键入 100，确定矩形的宽度，在 ↕ "对象大小"参数栏中键入 140，确定矩形的高度，如图 13-3 所示。

5️⃣ 确定矩形处于被选择状态，在属性栏上部的"左边矩形的边角圆滑度"参数栏中键入 8，在属性栏下部的"左边矩形的边角圆滑度"参数栏中键入 8，如图 13-4 所示。

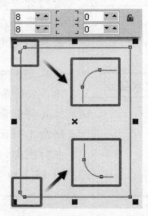

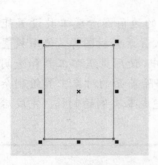

图 13-3　绘制矩形　　　　　　　　图 13-4　设置"左边矩形的边角圆滑度"

6️⃣ 执行菜单栏中的"文件"/"导入"命令，打开"导入"对话框，导入本书附带光盘中的"时尚杂志插画/实例 13~14：绘制杂志封面/背景素材.jpg"文件，如图 13-5 所示，单击"导入"按钮，退出该对话框。

图 13-5　"导入"对话框

7️⃣ 在绘图页面内单击鼠标，将"背景素材.jpg"文件导入至如图 13-6 所示的位置。

图 13-6　导入背景图像

⑧　确定导入的"背景素材.jpg"图像处于被选择状态，执行菜单栏中的"效果"/"图框精确剪裁"/"放置在容器中"命令，然后参照图 13-7 所示将图像置于矩形中。

⑨　右击图像，在弹出的快捷菜单中选择"编辑内容"选项，然后参照图 13-8 所示将图像进行缩放，以适应矩形大小。

图 13-7　将图像置于矩形中

图 13-8　编辑图像大小

⑩　右击图像，在弹出的快捷菜单中选择"结束编辑"选项，结束操作，取消图像轮廓线。

⑪　确定置入容器中的图像处于被选状态，取消其轮廓线。

⑫　选择工具箱中的 "贝塞尔工具"，在如图 13-9 所示的位置绘制一个闭合路径。

图 13-9　绘制闭合路径

为了使读者能看清楚绘制的路径轮廓，路径轮廓线以红色粗体显示。

提示

13 将该路径填充为白色，并取消其轮廓线。

14 在工具箱中单击 "交互式调和" 按钮，在弹出的下拉按钮中选择 "透明度" 选项，参照图 13-10 所示调整图形的交互式透明效果。

15 选择工具箱中的 "贝塞尔工具"，在如图 13-11 所示的位置绘制一个闭合路径。

图 13-10　设置图形透明效果

图 13-11　绘制闭合路径

16 将该路径填充为白色，并取消其轮廓线。

17 选择工具箱中的 "挑选工具"，框选绘制的全部杂志封面图形，右击鼠标，在弹出的快捷菜单中选择 "群组" 选项，将图形进行群组。

18 在工具箱中单击 "交互式调和工具" 按钮，在弹出的下拉按钮中选择 "阴影" 选项，在图形中拖动鼠标，这时在图形的周围产生阴影效果，在属性栏中的 "预设列表" 下拉式选项栏内选择 "平面右下" 选项，在 "阴影的不透明" 参数栏中键入 40，在 "阴影羽化" 参数栏中键入 10，在如图 13-12 所示。

19 接下来绘制杂志封面的书钉图形。选择工具箱中的 "矩形工具"，在如图 13-13 所示的位置绘制一个矩形。

图 13-12　设置阴影效果

图 13-13　绘制矩形

20 确定矩形处于被选择状态，在属性栏上部的 "左边矩形的边角圆滑度" 参数栏中键入 50，在属性栏下部的"左边矩形的边角圆滑度"参数栏中键入 50，如图 13-14 所示。

21 按下键盘上的 **Ctrl+C** 组合键，复制图形；按下键盘上的 **Ctrl+V** 组合键，将图形粘贴到原位置。

22 选择工具箱中的 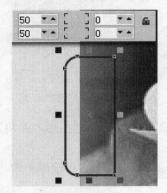 "挑选工具"，然后参照图 13-15 所示将复制后的图形进行缩放。

图 13-14　设置"左边矩形的边角圆滑度"　　　　图 13-15　缩放图形

23 按住键盘上的 **Shift** 键，加选复制前后的两个矩形，在属性栏中单击 "移除前面的图象"按钮，将图形进行修剪。

24 在工具箱中单击 "填充"下拉按钮，在弹出的下拉按钮中选择"渐变填充"选项，打开"渐变填充"对话框。在"类型"下拉选项栏中选择"线性"选项，在"颜色调和"选项组中选择"自定义"单选按钮，这时可以自定义设置渐变颜色，参照图 13-16 所示设置渐变色由白色、灰色（C：60、M：49、Y：49、K：5）、浅灰色（C：6、M：5、Y：5、K：0）、白色和灰色（C：60、M：49、Y：49、K：5）组成。

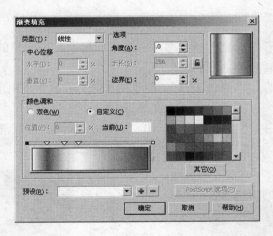

图 13-16　"渐变填充"对话框

25 单击"渐变填充"对话框中的"确定"按钮，退出"渐变填充"对话框，取消图形轮廓线，如图 13-17 所示。

26 执行菜单栏中的"排列"/"顺序"/"向后一层"命令，将图形移动至下一层，并参照图 13-18 所示将图形位置进行适当调整。

图 13-17　取消其轮廓线

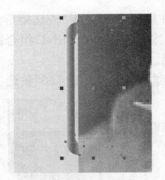

图 13-18　调整图形位置

27　确定图形处于被选择状态，按下键盘上的 Ctrl+C 组合键，复制图形，并将复制后的图形移到如图 13-19 所示的位置。

28　选择工具箱中的 □ "矩形工具"，然后参照图 13-20 所示的位置绘制一个矩形。

图 13-19　调整图形位置

图 13-20　绘制矩形

29　确定绘制的矩形处于被选择状态，右击图形内部，在弹出的快捷菜单中选择"转换为曲线"选项，将图形转换为曲线。

30　选择工具箱中的 ↖ "形状工具"，参照图 13-21 所示调整矩形顶部左侧节点，调整图形形态。

31　将图形填充为白黄色（C：0、M：0、Y：40、K：0），取消其轮廓线。

32　依照上述方法，绘制另外两个图形，如图 13-22 所示。

图 13-21　调整图形形态

图 13-22　绘制另外两个图形

33　接下来添加文本。选择工具箱中的 字 "文本工具"，在绘图页面内单击确定文字的位置，在属性栏中的"字体列表"下拉选项栏中选择"综艺体"选项，在"从上部的顶部到下部的底部的高度"参数栏中键入 8，在如图 13-23 所示的位置键入"爱玩的车卡珍妮"文本，并将键入的文本填充为白色。

34 使用以上文本设置方法，分别键入"花，使你成为一个幸福的人"和"第三届牡丹花卉节"文本，如图 13-24 所示。

图 13-23 键入文本

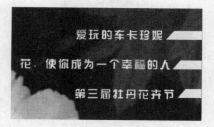

图 13-24 键入其他文本

35 现在本实例的制作就全部完成了，完成后的效果如图 13-25 所示。将本实例保存，以便在实例 14 中使用。

图 13-25 完成后的效果

实例 14 绘制杂志封面（前景部分）

在本实例中，将继续实例 13 中的练习，指导读者绘制杂志封面的前景部分，前景部分主要由文字和条码组成。通过本实例的学习，使读者了解在 CorelDRAW X4 中轮廓图工具和简化工具的使用方法。

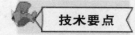

在本实例中，首先使用矩形工具绘制矩形，使用交互式轮廓图工具设置矩形边框，使用渐变填充工具填充矩形，使用文本工具键入相关文本，将该文本进行复制，使用垂直镜像工具设置文字倒影效果，最后使用矩形工具和简化工具绘制条码图形，完成本实例的制作。完成后的效果如图 14-1 所示。

1 打开实例 13 中保存的文件。选择工具箱中的 □ "矩形工具"，在如图 14-2 所示的位置绘制一个矩形。

图 14-1 杂志封面效果

图 14-2 绘制矩形

2 确定绘制的矩形处于被选择状态，在工具箱中单击 ⬦ "填充"下拉按钮，在弹出的下拉按钮中选择"渐变填充"选项，打开"渐变填充"对话框。在"类型"下拉选项栏中选择"线性"选项，在"选项"选组下的"角度"参数栏中键入90.0，在"颜色调和"选项组中，将"从"显示窗中的颜色设置为黄色（C：2、M：22、Y：96、K：0），将"到"显示窗中的颜色设置为黄色（C：4、M：3、Y：92、K：0），如图14-3所示，单击"确定"按钮，退出该对话框。

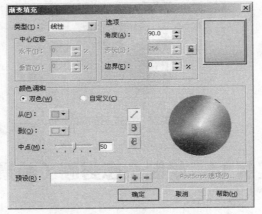

图 14-3 "渐变填充"对话框

3 将矩形轮廓线颜色设置为橘红色（C：0、M：60、Y：100、K：0），在属性栏中的"选择轮廓宽度或键入新宽度"下拉选项栏中选择 1.5 mm 选项，设置轮廓线宽度，如图14-4所示。

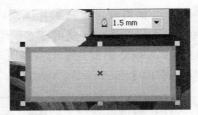

图 14-4 设置轮廓线宽度

4 选择工具箱中的 ▢ "矩形工具"，然后参照图 14-5 所示的位置绘制一个矩形。

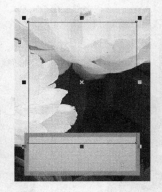

图 14-5　绘制矩形

5 确定绘制的矩形处于被选择状态，在工具箱中单击 ⬧、"填充"下拉按钮，在弹出的下拉按钮中选择"渐变填充"选项，打开"渐变填充"对话框。在"类型"下拉选项栏中选择"线性"选项，在"角度"参数栏中键入 90.0，在"边界"参数栏中键入 6，在"颜色调和"选项组中选择"自定义"单选按钮，这时可以自定义设置渐变颜色，参照图 14-6 所示设置渐变色由绿色（C：54、M：0、Y：98、K：0）、浅绿色（C：28、M：0、Y：97、K：0）、浅绿色（C：28、M：0、Y：97、K：0）、浅绿色（C：28、M：0、Y：97、K：0）绿色（C：54、M：0、Y：98、K：0）组成。

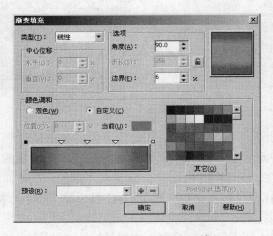

图 14-6　"渐变填充"对话框

6 在工具箱中单击 ⬚、"交互式调和工具"下拉按钮，在弹出的下拉按钮中选择 ▣ "轮廓图"选项，在属性栏中的"轮廓图步长"参数栏中键入 1，在"轮廓图偏移"参数栏中键入 1.0 mm，将"轮廓颜色"设置为绿色（C：7、M：0、Y：99、K：0），将"填充色"设置为深绿色（C：95、M：56、Y：92、K：34），将"渐变填充结束色"设置为深绿色（C：95、M：56、Y：92、K：34），如图 14-7 所示。

7 选择工具箱中的 字 "文本工具"，在绘图页面内单击确定文字的位置，在属性栏中的"字体列表"下拉选项栏中选择 Arial Black 选项，在"从上部的顶部到下部的底部的高度"参数栏中键入 20，在如图 14-8 所示的位置键入"MOUDDRTDY"文本。

图 14-7　设置图形轮廓

图 14-8　键入文本

8 将键入的文本填充为白色，选择工具箱中的 "交互式轮廓图工具"，在属性栏中单击 "向外"按钮，在"轮廓图步长"参数栏中键入 1，在"轮廓图偏移"参数栏中键入 0.3 mm，将"轮廓颜色"设置为绿色（C：28、M：0、Y：97、K：0），将"渐变色"设置为绿色（C：28、M：0、Y：97、K：0），如图 14-9 所示。

图 14-9　设置文本交互式轮廓效果

9 选择工具箱中的 字 "文本工具"，在绘图页面内单击鼠标确定文字的位置，在属性栏中的"字体列表"下拉选项栏中选择"黑体"选项，在"从上部的顶部到下部的底部的高度"参数栏中键入 48，在如图 14-10 所示的位置键入"潮流"文本。

10 将该文本填充为白色，按下键盘上的 Ctrl+C 组合键，复制文本；按下键盘上的 Ctrl+V 组合键，将文本粘贴到原位置。

11 确定粘贴后的文本处于被选择状态，在属性栏中单击 "垂直镜像"按钮，将文本垂直镜像，如图 14-11 所示。

图 14-10　键入文本

图 14-11　垂直镜像

12 选择工具箱中的 "交互式透明工具"，然后参照图 14-12 所示调整文本的交互式透明效果。

13　选择工具箱中的 □ "矩形工具"，然后参照图 14-13 所示的位置绘制一个矩形。

图 14-12　设置文本透明效果

图 14-13　绘制矩形

14　将该矩形填充为白色，并取消其轮廓线。选择工具箱中的 字 "文本工具"，在绘图页面内单击确定文字的位置，在属性栏中的 "字体列表" 下拉选项栏中选择 "综艺体" 选项，在 "从上部的顶部到下部的底部的高度" 参数栏中键入 10，在如图 14-14 所示的位置键入 "全面改版" 文本。

15　选择工具箱中的 字 "文本工具"，在绘图页面内单击鼠标确定文字的位置，在属性栏中的 "字体列表" 下拉选项栏中选择 Arial Black 选项，在 "从上部的顶部到下部的底部的高度" 参数栏中键入 8，在如图 14-15 所示的位置键入 "2009_05_01" 文本。

图 14-14　键入文本

图 14-15　键入文本

16　确定键入的文本处于可编辑状态，将其填充为白色，并取消其轮廓线，单击工具箱中的 ▷ "挑选工具" 按钮，参照图 14-16 所示调整文本形态。

17　接下来绘制条码。选择工具箱中的 □ "矩形工具"，然后参照图 14-17 所示的位置绘制一个矩形。

图 14-16　调整文本形态

图 14-17　绘制矩形

⑱ 将该矩形填充为白色，并取消其轮廓线。

⑲ 选择工具箱中的 ▢ "矩形工具"，在新绘制的矩形内部绘制一个矩形条图形，将该矩形填充为黑色，并取消其轮廓线，如图 14-18 所示。

图 14-18　绘制矩形

⑳ 使用同样方法，绘制其他矩形条图形，如图 14-19 所示。

图 14-19　绘制其他矩形

㉑ 选择工具箱中的 ▢ "矩形工具"，在绘制的全部矩形条顶部绘制一个矩形，如图 14-20 所示。

图 14-20　绘制矩形

㉒ 选择工具箱中的 ▨ "挑选工具"，框选新绘制的矩形和全部矩形条图形，在属性栏中单击 ▨ "简化"按钮，减选矩形条中不规则区域，如图 14-21 所示。

图 14-21　简化图形

㉓ 选择矩形，将其移动至如图 14-22 所示的位置。

图 14-22　调整图形位置

24 依照上述方法，减选矩形条中不规则区域，完成如图 14-23 所示的效果。

图 14-23　简化图形

25 选择矩形，按下键盘上的 Delete 键，删除图形。

26 选择工具箱中的 **字** "文本工具"，在绘图页面内单击鼠标确定文字的位置，在属性栏中的"字体列表"下拉选项栏中选择 Arial 选项，在"从上部的顶部到下部的底部的高度"参数栏中键入 6，在如图 14-24 所示的位置键入"6 95787854154544"文本。

图 14-24　键入文本

27 现在本实例的制作就全部完成了，完成后的效果如图 14-25 所示。如果读者在制作过程中遇到了什么问题，可以打开本书附带光盘中的"时尚杂志插画/实例 13~14：绘制杂志封面/绘制杂志封面.cdr"文件，这是本实例完成后的文件。

图 14-25　完成后的效果

实例 15　绘制香水瓶

实例说明　在本实例中，将指导读者绘制一幅香水瓶图案。本实例绘制的香水瓶主要由瓶身、瓶颈、瓶盖、文本和阴影 5 部分组成。通过本实例的学习，使读者了解在 CorelDRAW X4 中钢笔工具、折线工具和标题形状工具的使用方法。

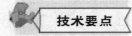
技术要点　在本实例中，首先使用钢笔工具绘制瓶身轮廓，使用形状工具调整瓶身图形，使用交互式透明工具绘制瓶身高光效果，使用标题形状工具绘制六边形图形，然后使用折线工具绘制闭合图形，使用渐变填充工具绘制瓶盖图形，使用文本工具键入相关文本，使用封套工具调整文本形态，完成本实例的制作。完成后的效果如图 15-1 所示。

图 15-1　香水瓶效果

1　运行 CorelDRAW X4，在运行界面上出现"快速入门"对话框。在该对话框中单击"新建空白文档"超链接，进入系统默认界面。

2　首先绘制瓶身。选择工具箱中的 钢笔"钢笔工具"，在绘图页面内绘制一个闭合路径，如图 15-2 所示。

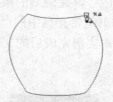

图 15-2　绘制路径

3　确定新绘制的闭合路径处于被选择状态，在工具箱中单击 "填充"下拉按钮，在弹出的下拉按钮中选择"渐变填充"选项，打开"渐变填充"对话框。在"类型"下拉选项栏中选择"线性"选项，在"角度"参数栏中键入 90.0，在"颜色调和"选项组中选择"自定义"单选按钮，这时可以自定义设置渐变颜色，参照图 15-3 所示设置渐变色由黑色、褐色（C：39、M：75、Y：100、K：0）、橘黄色（C：11、M：67、Y：94、K：0）组成。

4　取消其轮廓线，按下键盘上的 Ctrl+C 组合键，复制图形；按下键盘上的 Ctrl+V 组合键，将图形粘贴至原位置。

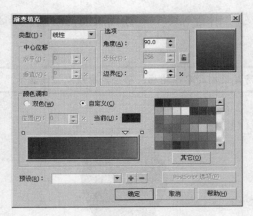

图15-3 "渐变填充"对话框

5 选择工具箱中的 "形状工具"，参照图15-4所示调整粘贴后的图形形态。

提示 为了使读者能看清楚调整的图形形态，路径轮廓用蓝色粗线表示。

图15-4 调整图形形态

6 确定粘贴后的图形处于被选择状态，在工具箱中单击 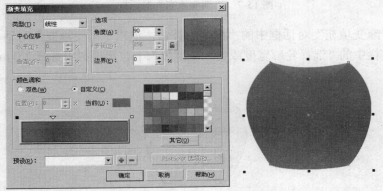 "填充"下拉按钮，在弹出的下拉按钮中选择"渐变填充"选项，打开"渐变填充"对话框。在"类型"下拉选项栏中选择"线性"选项，在"角度"参数栏中键入90，在"颜色调和"选项组中选择"自定义"单选按钮，这时可以自定义设置渐变颜色，参照图15-5所示设置渐变色由红色（C：0、M：98、Y：96、K：0）、深红色（C：53、M：98、Y：96、K：11）和红色（C：0、M：98、Y：96、K：0）组成。

图15-5 设置渐变色

7 选择工具箱中的 "钢笔工具"，在绘图页面内绘制一个闭合路径，如图 15-6 所示。

提示 为了使读者能看清楚绘制的路径轮廓，路径轮廓线以粗线显示。

图 15-6   绘制路径

8 确定新绘制的路径处于被选择状态，在工具箱中单击 "填充"下拉按钮，在弹出的下拉按钮中选择"渐变填充"选项，打开"渐变填充"对话框。在"类型"下拉选项栏中选择"线性"选项，在"选项"选组下的"角度"参数栏中键入90，在"颜色调和"选项组中，将"从"显示窗中的颜色设置为黄色（C：1、M：51、Y：95、K：0），将"到"显示窗中的颜色设置为黄色（C：4、M：3Y：92、K：0），如图 15-7 所示。

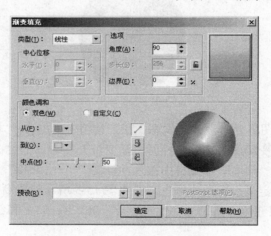

图 15-7   "渐变填充"对话框

9 单击"渐变填充"对话框中的"确定"按钮，退出"渐变填充"对话框。

10 在属性栏中的"选择轮廓宽度或键入新宽度"下拉选项栏中选择 1.0 mm 选项，如图 15-8 所示。

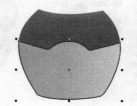

图 15-8   设置轮廓线宽度

11 选择工具箱中的 "钢笔工具"，在绘图页面内绘制一个闭合路径，如图 15-9 所示。

图 15-9　绘制路径

12 将路径填充为红色（C：0、M：100、Y：100、K：0），取消其轮廓线。

13 选择工具箱中的 "交互式透明工具"，参照图 15-10 所示调整图形的交互式透明效果。

图 15-10　设置图形透明效果

14 选择工具箱中的 "钢笔工具"，在绘图页面内绘制一个闭合路径，如图 15-11 所示。

图 15-11　绘制路径

15 将路径填充为白色，并取消其轮廓线。

16 选择工具箱中的 "钢笔工具"，在如图 15-12 所示的位置绘制一个闭合路径。

图 15-12　绘制路径

17 将新绘制的路径填充为白色，并取消其轮廓线，选择工具箱中的 "交互式透明工具"，参照图 15-13 所示调整图形的交互式透明效果。

图 15-13　设置图形透明效果

18 选择工具箱中的  "椭圆形工具"，在如图 15-14 所示的位置绘制一个椭圆。

图 15-14　绘制椭圆

19 将新绘制的椭圆填充为白色，并取消其轮廓线。

20 绘制瓶颈。选择工具箱中的 "钢笔工具"，在如图 15-15 所示的位置绘制一个闭合路径。

图 15-15　绘制路径

21 确定绘制的闭合路径处于被选择状态，将其填充为由黄色（C：4、M：3、Y：92、K：0）到黄色（C：0、M：80、Y：96、K：0）的线性渐变色，并取消其轮廓线，如图 15-16 所示。

图 15-16　填充图形并取消其轮廓线

22 选择工具箱中的 "钢笔工具"，在如图 15-17 示的位置绘制一个闭合路径。

图 15-17　绘制路径

23 将新绘制的闭合路径填充为黑色，选择工具箱中的 "交互式透明工具"，参照图 15-18 所示调整图形的交互式透明效果。

图 15-18　设置图形透明效果

24 绘制瓶盖。选择工具箱中的 ⬡ "多边形工具"，在属性栏中的 "多边形、星形和复杂形的点数或边数" 参数栏中键入 6，在绘图页面内绘制一个任意六边形，如图 15-19 所示。

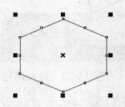

图 15-19 绘制六边形

25 确定绘制的六边形处于被选择状态，在属性栏中的 "旋转角度" 参数栏中键入 90，参照图 15-20 所示调整图形的大小和位置。

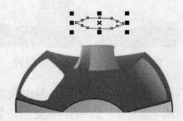

图 15-20 调整图形大小和位置

26 选择工具箱中的 △ "折线工具"，沿绘制的六边形底部的 3 条边为边缘绘制一个闭合路径，如图 15-21 所示。

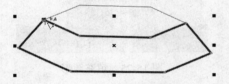

图 15-21 绘制路径

27 依照上述方法，选择工具箱中的 △ "折线工具"，沿新绘制的闭合路径底部的 3 条边为边缘绘制一个闭合路径，如图 15-22 所示。

图 15-22 绘制路径

28 依照上述方法，选择工具箱中的 △ "折线工具"，在如图 15-23 所示的位置绘制一个闭合路径。

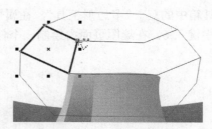

图 15-23　绘制路径

28 使用同样方法，参照图 15-24 所示绘制其他闭合路径。

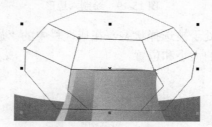

图 15-24　绘制其他闭合路径

30 选择绘制的瓶盖顶部六边形图形，将其填充为由黄色（C：1、M：51、Y：95、K：0）到黄色（C：4、M：3、Y：92、K：0）的线性渐变色，如图 15-25 所示。

图 15-25　填充图形

31 使用同样方法，参照图 15-26 所示分别填充其他路径的渐变色。

提示

在填充其他图形渐变色时，读者可根据需要设置由浅黄色到深黄色的线性渐变色进行渐变。

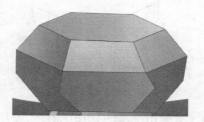

图 15-26　填充图形

32 选择工具箱中的 △ "折线工具"，在如图 15-27 所示的位置绘制一个闭合路径。

图 15-27　绘制路径

33 将新绘制的闭合路径填充为黄色（C：0、M：0、Y：100、K：0），并取消其轮廓线。

34 选择工具箱中的 ♀ "交互式透明工具"，然后参照图 15-28 所示调整图形的交互式透明效果。

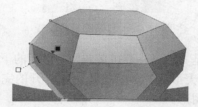

图 15-28　设置图形透明效果

35 使用同样方法，绘制另一侧图形并调整图形的交互式透明效果，如图 15-29 所示。

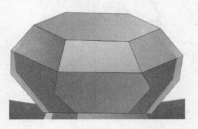

图 15-29　设置图形透明效果

36 选择工具箱中的 △ "折线工具"，在如图 15-30 所示的位置绘制一个闭合路径。

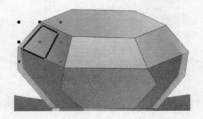

图 15-30　绘制路径

37 将新绘制的路径填充为白色，并取消其轮廓线。选择工具箱中的 ♀ "交互式透明工具"，参照图 15-31 所示调整图形的交互式透明效果。

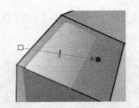

图 15-31　设置图形透明效果

38　选择绘制的全部瓶盖图形，取消其轮廓线，如图 15-32 所示。

图 15-32　取消图形轮廓线

39　单击工具箱中的　"基本工具"下拉按钮，在打开的下拉按钮中选择　"标题形状"选项，单击属性栏中的　"完美形状"下拉按钮，在打开的完美形状面板中选择　图形，在如图 15-33 所示的位置绘制图形。

图 15-33　绘制图形

40　将新绘制的图形填充为黑色，并设置其轮廓线宽度为 1.5 mm，颜色为白色，如图 15-34 所示。

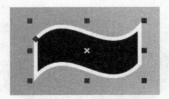

图 15-34　填充图形和调整轮廓线宽度和颜色

41　接下来添加文本。选择工具箱中的　"文本工具"，在绘图页面内单击鼠标确定文字的位置，在属性栏中的"字体列表"下拉选项栏中选择 Tekton Pro 选项，在"从上部的顶部到下部的底部的高度"参数栏中键入 24，在如图 15-35 所示的位置键入"DSFY"文本。

图 15-35　键入文本

42 确定键入的文本处于被选择状态，将文本颜色设置为白色，选择工具箱中的 ![icon] "交互式封套工具"，参照图 15-36 所示调整封套的节点，调整文本形态。

图 15-36　调整文本形态

43 接下来绘制投影效果。选择工具箱中的 ![icon] "钢笔工具"，在如图 15-37 所示的位置绘制一个闭合路径。

图 15-37　绘制路径

44 将新绘制的路径填充为黑色，选择工具箱中的 ![icon] "交互式透明工具"，参照图 15-38 所示调整图形的交互式透明效果。

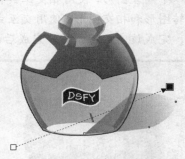

图 15-38　设置图形透明效果

45 确定图形处于被选择状态，执行菜单栏中的 "排列" "顺序" / "至于此对象后" 命令，参照图 15-39 所示将图形至于香水瓶底部。

图 15-39　调整图形排列顺序

46　现在本实例的制作就全部完成了，完成后的效果如图 15-40 所示。如果读者在制作过程中遇到了什么问题，可以打开本书附带光盘中的"时尚杂志插画/实例 15：绘制香水瓶/绘制香水瓶.cdr"文件，这是本实例完成后的文件。

图 15-40　完成后的效果

实例 16　绘制装饰画风格美食（盘子）

在本实例和实例 17 中，将指导读者绘制一幅装饰画风格的美食图案，本实例主要绘制盘子部分。通过本实例的学习，使读者了解 CorelDRAW X4 中对齐与分布的具体应用和不规则纹理的设置方法。

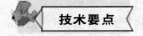

在本实例中，首先使用移除前面对象工具使后面的对象移除前面的对象，并生成新图形，接下来使用对齐分布工具对齐图形，使用钢笔工具绘制一个闭合图形，使用相交工具将两图形进行相交，然后绘制矩形并旋转图形和相交图形，使用交互式调和工具调整两图形，设置高光效果，完成该实例的制作。完成后的效果如图 16-1 所示。

图 16-1　装饰画风格的美食盘子效果

1 运行 CorelDRAW X4，在运行界面上出现"快速入门"对话框。在该对话框中单击"新建空白文档"超链接，进入系统默认界面。

2 选择工具箱中的  "椭圆形工具"，在如图 16-2 所示的位置绘制一个椭圆。

图 16-2　绘制椭圆

3 选择新绘制的椭圆，将其填充为红色（C：0、M：100、Y：100、K：0），并取消其轮廓线。

4 选择填充后的图形，选择工具箱中的 "交互式阴影工具"，在属性栏中的"预设列表"下拉选项栏中选择"平面左下"选项，在"阴影的不透明"参数栏中键入 30，在"阴影羽化"参数栏中键入 5，并参照图 16-3 所示调整图形的交互式阴影效果。

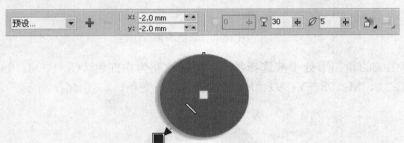

图 16-3　设置图形阴影效果

5 将椭圆进行复制，将复制后的图形命名为"椭圆形 01"，然后移动至原图形的右侧，如图 16-4 所示。

图 16-4　复制图形并调整图形位置

6 选择工具箱中的 "椭圆形工具"，在如图 16-5 所示的位置绘制一个椭圆，将其命名为"椭圆形 02"，并将其移动至"椭圆形 01"的底部。

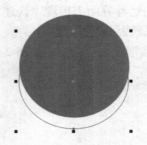

图 16-5　绘制椭圆

7　选择"椭圆形 01"和"椭圆形 02"，在属性栏中单击 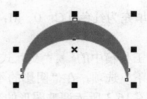 "移除前面对象"按钮，修剪图形，修剪后的效果如图 16-6 所示。

图 16-6　修剪图形

8　确定生成的新图形处于被选择状态，将其填充为由红色（C：1、M：98、Y：92、K：0）到红色（C：1、M：98、Y：92、K：0）的线性渐变色，如图 16-7 所示。

图 16-7　填充图形

9　选择设置渐变填充的图形和原椭圆，在属性栏中单击 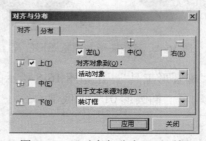 "对齐与分布"按钮，打开"对齐与分布"对话框，进入"对齐"面板，并选择横排的"左"复选框和竖排的"上"复选框，如图 16-8 所示。然后单击"应用"按钮，确定所选图形以左上对齐，再次单击"关闭"按钮，退出该对话框。

图 16-8　"对齐与分布"对话框

🔟 退出"对齐与分布"对话框后，图形分布如图 16-9 所示。

图 16-9　图形分布效果

⓫ 再次复制椭圆，并将复制后的图形拖至原图形的右侧。

⓬ 单击工具箱中的 "手绘工具"下拉按钮，在弹出的下拉按钮中选择 "钢笔"选项，使用该工具绘制一个闭合路径，并移动至如图 16-10 所示的位置。

图 16-10　绘制路径

⓭ 选择新绘制的闭合路径和椭圆，在属性栏中单击 "相交"按钮，选择相交后的图形，将其命名为"纹理"，然后将其拖至右侧，并删除原图形，如图 16-11 所示。

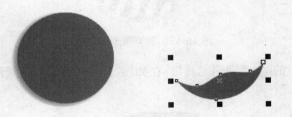

图 16-11　相交图形

⓮ 选择工具箱中的 "矩形工具"，在如图 16-12 所示的位置绘制一个矩形。

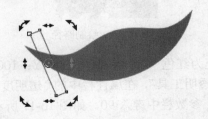

图 16-12　绘制矩形

15 选择新绘制的矩形和命名为"纹理"的图形，在属性栏中单击"相交"按钮，使图形进行相交，然后删除原矩形，将相交后的图形命名为"纹理01"，将其填充为灰色（C：0、M：0、Y：0、K：80），并取消其轮廓线，如图16-13所示。

图 16-13　相交图形

16 使用上述绘制"纹理01"的方法，参照图16-14所示依次绘制"纹理02"、"纹理03"、"纹理04"、"纹理05"、"纹理06"和"纹理07"。

图 16-14　绘制其他纹理

17 选择"纹理"图形，将其填充为白色，然后框选所有纹理图形，将其移动至如图16-15所示的位置。

图 16-15　调整图形的位置

18 选择工具箱中的"钢笔工具"，在如图 16-16 所示的位置绘制一个闭合路径，将其命名为"路径01"。

图 16-16　绘制路径

19 将新绘制的路径填充为红色（C：0、M：100、Y：100、K：0），并取消其轮廓线，选择工具箱中的"交互式透明工具"，在属性栏中的"透明度类型"下拉选项栏中选择"标准"选项，在"开始透明度"参数栏中键入90，如图16-17所示。

图 16-17 设置图形透明效果

20 将"路径 01"进行复制，将复制后的图形命名为"路径 02"，将其填充颜色设置为粉红色（C：3、M：14、Y：9、K：0），并取消不透明度设置，如图 16-18 所示。

图 16-18 复制并调整图形的颜色和不透明度

21 确定"路径 02"处于被选择状态，参照图 16-19 所示调整该图形的大小和位置。

提示

由于"路径 01"的颜色与底色相同，无法参照"路径 01"来确定"路径 02"的大小和位置，所以将"路径 01"的颜色设置为白色。

图 16-19 调整图形的大小和位置

22 选择工具箱中的 "交互式调和工具"，将"路径 02"拖动至"路径 01"上，使两个图形进行调和，如图 16-20 所示。

图 16-20 调和图形

23 参照上述设置高光的方法，绘制另外两处高光，如图 16-21 所示。

提示

读者在绘制这两处高光时，可根据所绘制的盘子底色适当调整图形的颜色和不透明度值。

图 16-21　绘制另外两处高光

24 现在本实例的制作就全部完成了，完成后的效果如图 16-22 所示。将该文件保存，以便在实例 17 中使用。

图 16-22　完成后的效果

实例 17　绘制装饰画风格美食（鸡蛋）

实例说明

在本实例中，将继续实例 16 中的练习，指导读者绘制装饰画风格美食中的鸡蛋，鸡蛋图案由蛋清和蛋黄组成。通过本实例的学习，使读者了解在 CorelDRAW X4 中用交互式阴影工具、交互式透明工具和交互式调和工具设置鸡蛋的方法。

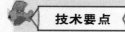
技术要点

在本实例中，首先使用钢笔工具绘制闭合路径，填充路径，并使用交互式阴影工具设置图形的交互式阴影效果，使用交互式透明工具设置图形的交互式透明效果，将图形进行复制，并使用交互式调和工具调和图形，接下来设置蛋黄图形，完成本实例的制作。完成后的效果如图 17-1 所示。

图 17-1　装饰画风格美食中的鸡蛋效果

1 运行 CorelDRAW X4，在运行界面上出现"快速入门"对话框。在该对话框中单击"打开其他文档"按钮，打开"打开绘图"对话框，选择本书附带光盘中的"时尚杂志插画/实例 16~17：绘制装饰画风格美食/绘制装饰画风格美食.cdr"文件，单击"打开"按钮，打开该文件。

2 选择工具箱中的 🖊"贝塞尔工具"，在如图 17-2 所示的位置绘制一个闭合路径，将其命名为"蛋清 01"。

3 将新绘制的闭合路径填充为白色，并取消其轮廓线，选择工具箱中的 🔲"交互式阴影工具"，在属性栏中的"预设列表"下拉选项栏中选择"平面左下"选项，在 x:"阴影偏移"参数栏中键入-1，在 y:"阴影偏移"参数栏中键入-1，在"阴影的不透明"参数栏中键入 20，在"阴影羽化"参数栏中键入 5，设置阴影后的图形效果如图 17-3 所示。

图 17-2 绘制路径

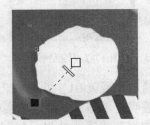

图 17-3 设置图形阴影后的效果

4 确定设置阴影后的图形处于被选择状态，选择工具箱中的 🖊"交互式透明工具"，在属性栏中的"透明度类型"下拉选项栏中选择"标准"选项，在"开始透明度"参数栏中键入 85，调整图形的交互式透明效果，如图 17-4 所示。

5 将"蛋清 01"进行复制，将复制后的图形命名为"蛋清 02"，然后将其填充为白色，取消交互式透明效果，并参照图 17-5 所示调整该图形的大小和位置。

图 17-4 设置图形透明效果

图 17-5 调整图形的大小和位置

6 选择工具箱中的 🔲"交互式调和工具"，将"蛋清 02"拖动至"蛋清 01"上，使两个图形进行交互式调和，如图 17-6 所示。

图 17-6 设置图形的调和效果

7 选择工具箱中的 ⬭ "椭圆形工具"，绘制一个椭圆，将其填充为黄色（C：1、M：33、Y：95、K：0），取消其轮廓线，并移动至如图17-7所示的位置。

8 确定新绘制的椭圆处于被选择状态，将其命名为"蛋黄01"，选择工具箱中的"交互式阴影工具"，在属性栏中的"预设列表"下拉选项栏中选择"平面左下"选项，在"阴影的不透明"参数栏中键入20，在"阴影羽化"参数栏中键入20，参照图17-8所示调整图形的交互式阴影效果。

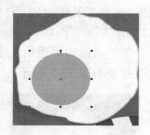

图 17-7　绘制椭圆

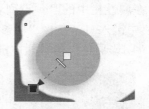

图 17-8　设置图形的阴影效果

9 确定"蛋黄01"处于被选择状态，选择工具箱中的 ⬚ "交互式透明工具"，在属性栏中的"透明度类型"下拉选项栏中选择"标准"选项，在"开始透明度"参数栏中键入95，设置图形的交互式透明效果，如图17-9所示。

10 将"蛋黄01"进行复制，将复制的图形命名为"蛋黄02"，取消其交互式透明效果，选择工具箱中的 ⬧ "交互式填充工具"，设置填充颜色为橘黄色（C：5、M：62、Y：96、K：0）到黄色（C：5、M：49、Y：92、K：0）的线性渐变色，并参照图17-10所示将图形缩放。

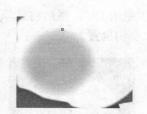

图 17-9　设置图形透明效果

图 17-10　缩放图形

11 选择工具箱中的 ⬚ "交互式调和工具"，将"蛋黄02"拖动至"蛋黄01"上，使两个图形进行交互式调和，如图17-11所示。

12 选择工具箱中的 ⬚ "钢笔工具"，然后参照图17-12所示绘制一个闭合路径。

图 17-11　设置图形的调和效果

图 17-12　绘制路径

13 选择新绘制的闭合路径，将其填充为由黄色（C：0、M：0、Y：100、K：0）、黄色

（C：2、M：19、Y：96、K：0）、橘黄色（C：4、M：62、Y：96、K：0）组成的线性渐变色，并取消其轮廓线，如图 17-13 所示。

🔢 选择工具箱中的 ✍ "钢笔工具"绘制一个闭合路径，并参照图 17-14 所示调整路径的位置。

图 17-13 填充图形并取消其轮廓线

图 17-14 绘制路径

🔢 将新绘制的路径填充为黄色（C：3、M：43、Y：95、K：0），并取消其轮廓线，如图 17-15 所示。

🔢 确定填充后的图形处于被选择状态，将其命名为"路径 01"，然后选择工具箱中的 🍸 "交互式透明工具"，参照图 17-16 所示调整图形的交互式透明效果。

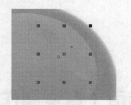

图 17-15 填充路径并取消其轮廓线

图 17-16 设置图形透明效果

🔢 将"路径 01"进行复制，将复制后的图形命名为"路径 02"，取消其交互式透明效果，设置填充颜色为橘黄色（C：3、M：34、Y：90、K：0），参照图 17-17 所示缩放图形。

图 17-17 缩放图形

🔢 选择工具箱中的 🔳 "交互式调和工具"，将"路径 02"拖动至"路径 01"上，使两个图形进行交互式调和，如图 17-18 所示。

图 17-18 调和图形

⑲ 接下来使用上述绘制蛋黄高光的方法，参照图 17-19 所示绘制另一个高光图形。

图 17-19　绘制另一个高光图形

⑳ 现在本实例的制作就全部完成了，完成后的效果如图 17-20 所示。如果读者在制作过程中遇到了什么问题，可以打开本书附带光盘中的"时尚杂志插画/实例 16~17：绘制装饰画风格美食/绘制装饰画风格美食.cdr"文件，这是本实例完成后的文件。

图 17-20　完成后的效果

实例 18　绘制楼盘销售宣传页（背景制作）

在本实例和后面的两个实例中，将指导读者绘制楼盘销售宣传页，本实例中为绘制楼盘销售宣传页的背景制作部分。通过本实例的学习，使读者了解在 CorelDRAW X4 中如何导入位图图像和对位图图像进行透明度设置。

在本实例中，首先使用矩形工具和填充工具绘制背景，然后导入素材图像，使用交互式透明工具设置图像透明度效果，使用文本工具键入相关文本，完成本实例的制作。完成后的效果如图 18-1 所示。

图 18-1　楼盘销售宣传页背景效果

1 运行 CorelDRAW X4，在运行界面上出现"快速入门"对话框。在该对话框中单击"新建空白文档"超链接，进入系统默认界面。

2 在属性栏中单击 ▭ "横向"按钮，将页面布局设置为横向。

3 选择工具箱中的 ▭ "矩形工具"，在绘图页面内绘制一个任意矩形，选择新绘制的图形，在属性栏中的 ↔ "对象大小"参数栏中键入 297，确定矩形的宽度，在 ↕ "对象大小"参数栏中键入 210，确定矩形的高度。

4 执行菜单栏中的"排列"/"对齐与分布"/"在页面居中"命令，将矩形放置于页面中心位置，如图 18-2 所示。

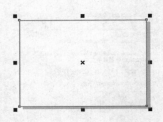

图 18-2　居中对齐

5 在工具箱中单击 ◆ "填充"下拉按钮，在弹出的下拉按钮中选择"渐变填充"选项，打开"渐变填充"对话框。在"类型"下拉选项栏中选择"射线"选项，在"水平"参数栏中键入-31，在"垂直"参数栏中键入-28，在"颜色调和"选项组中选择"自定义"单选按钮，这时可以自定义设置渐变颜色，参照图 18-3 所示设置渐变色由黄色（C：5、M：2、Y：60、K：0）、黄色（C：2、M：15、Y：65、K：0）、黄色（C：3、M：7、Y：37、K：0）和白色组成。

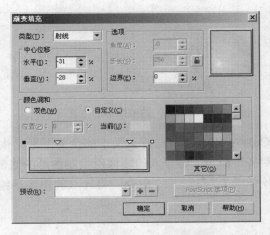

图 18-3　设置"渐变填充"对话框中的渐变颜色

6 单击"渐变填充"对话框中的"确定"按钮，退出"渐变填充"对话框，取消图形轮廓线。

7 执行菜单栏中的"文件"/"导入"命令，导入本书附带光盘中的"时尚杂志插画/实例 18~20：绘制楼盘销售宣传页/素材 01.psd"文件，如图 18-4 所示。单击"导入"按钮，退出该对话框。

图 18-4 "导入"对话框

8 按下键盘上的 Enter 键,将"素材 01.psd"文件导入至绘图页面内位置,然后参照图 18-5 所示调整图像的位置。

图 18-5 调整图形的位置

9 按下键盘上的 Ctrl+A 组合键,选择页面中的全部图形,执行菜单栏中的"排列"/ "对齐与分布"/"底端对齐"命令,将导入的图像沿绘制图形的底部排列,再次执行菜单栏中的"排列"/"对齐与分布"/"左对齐"命令,将导入的图像沿绘制图形的左侧排列,如图 18-6 所示。

图 18-6 调整图像位置

[10]　确定导入的"素材 01"图像处于被选择状态，选择工具箱中的 ▽ "交互式透明工具"，参照图 18-7 所示调整图像的交互式透明效果。

图 18-7　设置图像透明效果

[11]　依照上述方法，导入本书附带光盘中的"时尚杂志插画/实例 18~20：绘制楼盘销售宣传页/素材 02.psd"文件，设置导入图像与绘图页面沿顶部和左对齐，如图 18-8 所示。

图 18-8　调整图像位置

[12]　确定导入的"素材 02"图像处于被选择状态，选择工具箱中的 ▽ "交互式透明工具"，参照图 18-9 所示调整图像的交互式透明效果。

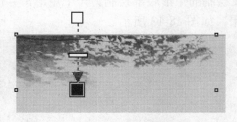

图 18-9　设置图像透明效果

[13]　选择工具箱中的 ▢ "矩形工具"，在如图 18-10 所示的位置绘制一个矩形。

图 18-10　绘制矩形

[14] 在属性栏中激活 🔒 "全部圆角" 按钮，将边角圆滑度均设置为 10，如图 18-11 所示。

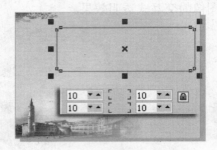

图 18-11　设置矩形边角圆滑度

[15] 将矩形填充为淡黄色（C：1、M：2、Y：14、K：0），取消其轮廓线。

[16] 选择工具箱中的 🔲 "交互式透明工具"，参照图 18-12 所示调整图形的交互式透明效果。

图 18-12　设置图形透明效果

[17] 依照上述方法，在绘制的矩形底部绘制另一个矩形，并使用 🔲 "交互式透明工具" 调整图形的交互式透明效果，如图 18-13 所示。

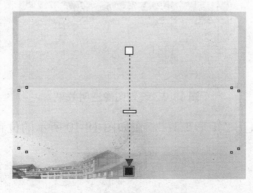

图 18-13　设置图形的透明效果

[18] 接下来键入文本，选择工具箱中的 字 "文本工具"，在绘图页面内单击确定文字的位置，在属性栏中的 "字体列表" 下拉选项栏中选择 "综艺体" 选项，在 "从上部的顶部到下部的底部的高度" 参数栏中键入 10，在如图 18-14 所示的位置键入 "更多精彩内容请访问 WWW.JINGDU.COM 联系电话：500-563-898562" 文本。

图 18-14 键入文本

19 将新键入的文本填充为宝石红（C：0、M：60、Y：60、K：40）。

20 选择工具箱中的 **字** "文本工具"，在绘图页面内单击确定文字的位置，在属性栏中的 "字体列表" 下拉选项栏中选择 "方正胖头鱼简体" 选项，在 "从上部的顶部到下部的底部的高度" 参数栏中键入 12，在绘图页面左上角键入 "JINDUYUAN" 文本，如图 18-15 所示。

图 18-15 键入文本

21 确定文本处于可编辑状态，将文本填充为宝石红（C：0、M：60、Y：60、K：40），选择新键入文本中的 "Y" 字母，在属性栏中的 "从上部的顶部到下部的底部的高度" 参数栏中键入 36，确定文本的大小，如图 18-16 所示。

图 18-16 设置文本大小

22 选择工具箱中的 **↳** "形状工具"，选择字母 Y 上的控制点，将字母 Y 移动至如图 18-17 所示的位置。

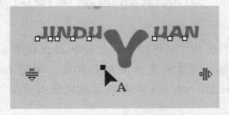

图 18-17 调整字母位置

23 选择工具箱中的 **字** "文本工具"，在绘图页面内单击鼠标确定文字的位置，在属性栏中的 "字体列表" 下拉选项栏中选择 "综艺体" 选项，在 "从上部的顶部到下部的底部的高度" 参数栏中键入 16，在如图 18-18 所示的位置键入 "金都苑" 文本。

图 18-18　键入文本

24 选择工具箱中的 **字** "文本工具"，在绘图页面内单击鼠标确定文字的位置，在属性栏中的"字体列表"下拉选项栏中选择"方正祥隶简体"选项，在"从上部的顶部到下部的底部的高度"参数栏中键入 4，在如图 18-19 所示的位置键入"最优雅的环境　最热闹的环境　最安全的环境"文本。

图 18-19　键入文本

25 现在本实例的制作就全部完成了，完成后的效果如图 18-20 所示。将本实例保存，以便在实例 19 中使用。

图 18-20　完成后的效果

实例 19　绘制楼盘销售宣传页（前景制作）

在本实例中，将指导读者绘制楼盘销售宣传页的前景部分。前景部分主要由图像和表格两部分构成。通过本实例的学习，使读者了解在 CorelDRAW X4 中表格工具的使用方法。

在本实例中，首先使用表格工具绘制表格图形，然后导入素材图像，使用放置在容器中工具将导入的素材图像移动至所需图形中，最后使用箭头形状工具绘制所需图形，完成本实例的制作。完成后的效果如图 19-1 所示。

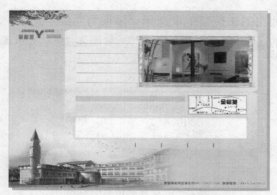

图 19-1 楼盘销售宣传页前景效果

1 打开实例 18 中保存的文件，选择工具箱中的 ⊞ "表格工具"，在如图 19-2 所示的位置绘制一个任意表格。

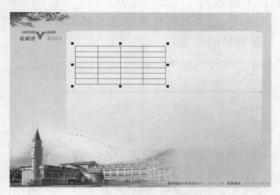

图 19-2 绘制表格

2 确定绘制的表格处于被选择状态，在属性栏中的 ⊞ "表格中的行数和列数"参数栏中键入 6，在 ⊞ "表格中的行数和列数"参数栏中键入 1，在 ↔ "对象大小"参数栏中键入 150.0 mm，在 ↕ "对象大小"参数栏中键入 70.0 mm，在 "选择轮廓宽度或键入新宽度"下拉选项栏中选择 "无"选项，参照图 19-3 所示调整表格位置。

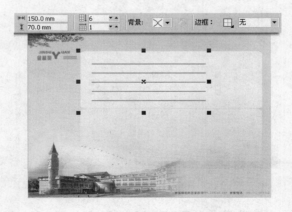

图 19-3 调整表格位置

3 右击鼠标，在弹出的快捷菜单中选择"转换为曲线"选项，将表格转换为曲线。

4 选择工具箱中的 ⏳"交互式透明工具"，参照图 19-4 所示调整表格的交互式透明效果。

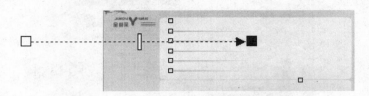

图 19-4　设置表格透明效果

5 选择工具箱中的 ▦"表格工具"，在绘图页面内任意绘制一个表格，确定绘制的表格处于被选择状态，在属性栏中的 ▦"表格中的行数和列数"参数栏中键入 1，在 ▦"表格中的行数和列数"参数栏中键入 5，在 ↔"对象大小"参数栏中键入 150.0 mm，在 ↕"对象大小"参数栏中键入 5.0 mm，在"选择轮廓宽度或键入新宽度"下拉选项栏中选择"无"选项，参照图 19-5 所示调整表格的位置。

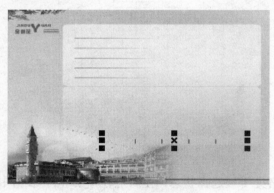

图 19-5　调整表格位置

6 选择工具箱中的 ▢"矩形工具"，在如图 19-6 所示的位置绘制一个矩形。

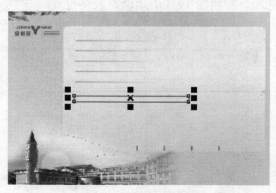

图 19-6　绘制矩形

7 将新绘制的矩形填充为黄色（C：9、M：10、Y：46、K：0），取消其轮廓线。

8 选择工具箱中的 ▢"矩形工具"，在如图 19-7 所示的位置绘制一个矩形。

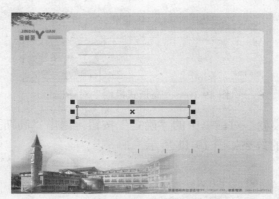

图 19-7　绘制矩形

⑨ 将新绘制的矩形填充为黄色（C：3、M：3、Y：56、K：0），取消其轮廓线。

⑩ 选择工具箱中的 □，"矩形工具"，在如图 19-8 所示的位置绘制一个矩形。

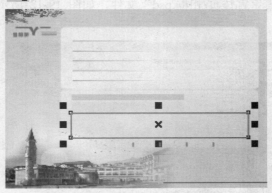

图 19-8　绘制矩形

⑪ 将新绘制的矩形填充为白色，将轮廓线设置为淡绿色（C：15、M：10、Y：30、K：0），并将轮廓线宽度设置为 1.0 mm。

⑫ 确定矩形处于被选择状态，执行菜单栏中的"位图"/"转换为位图"命令，打开"转换为位图"对话框，如图 19-9 所示。单击"确定"按钮，退出该对话框。

图 19-9　"转换为位图"对话框

⑬ 执行菜单栏中的"位图"/"模糊"/"高斯式模糊"命令，打开"高斯式模糊"对话框，如图 19-10 所示，使用默认设置。

图 19-10 "高斯式模糊"对话框

14 单击"高斯式模糊"对话框中的"确定"按钮，退出"高斯式模糊"对话框，设置"高斯式模糊"后图形的效果如图 19-11 所示。

图 19-11 设置"高斯式模糊"后图形的效果

15 执行菜单栏中的"文件"/"导入"命令，导入本书附带光盘中的"时尚杂志插画/实例 18~20：绘制楼盘销售宣传页/相框.psd"文件，如图 19-12 所示，单击"导入"按钮，退出该对话框。

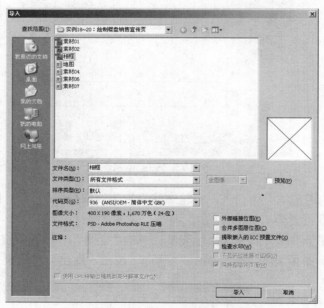

图 19-12 "导入"对话框

16 在绘图页面内单击鼠标，将导入的"相框.psd"文件移动至如图 19-13 所示的位置。

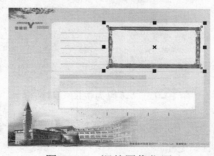

图 19-13 调整图像位置

17 选择"相框"图像，执行菜单栏中的"效果"/"调整"/"亮度/对比度/强度"命令，打开"亮度/对比度/强度"对话框，在"亮度"参数栏中键入 65，在"对比度"参数栏中键入 80，在"强度"参数栏中键入-55，如图 19-14 所示。

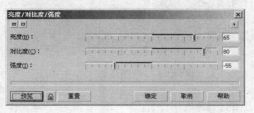

图 19-14　"亮度/对比度/强度"对话框

18 单击"亮度/对比度/强度"对话框中的"确定"按钮，退出"亮度/对比度/强度"对话框，图像设置后的效果如图 19-15 所示。

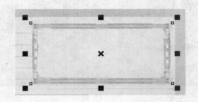

图 19-15　设置图像后的效果

19 选择工具箱中的 □ "矩形工具"，在"相框"图像上绘制一个矩形，如图 19-16 所示。

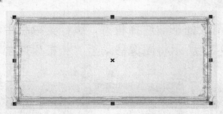

图 19-16　绘制矩形

20 导入本书附带光盘中的"时尚杂志插画/实例 18~20：绘制楼盘销售宣传页/素材 04.jpg"文件，参照图 19-17 所示调整图像位置。

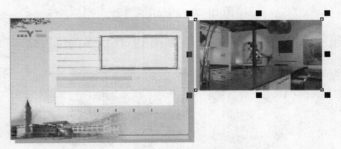

图 19-17　调整图像位置

21 确定导入的"素材 04.jpg"图像处于被选择状态，执行菜单栏中的"效果"/"图框精确剪裁"/"放置在容器中"命令，参照图 19-18 所示将图像置于新绘制的矩形中。

图 19-18　将图像置于矩形中

22　右击图像，在弹出的快捷菜单中选择"编辑内容"选项，参照图 19-19 所示将图像进行缩放，以适应矩形大小。

图 19-19　编辑图像大小

23　右击图像，在弹出的快捷菜单中选择"结束编辑"选项，结束操作，取消图像轮廓线。

24　确定置入容器中的图像处于被选择状态，执行菜单栏中的"排列"/"顺序"/"至于此对象后"命令，参照图 19-20 所示将图像移动至"相框"底部。

图 19-20　调整图像顺序

25　选择工具箱中的□"矩形工具"，在如图 19-21 所示的位置绘制一个矩形。

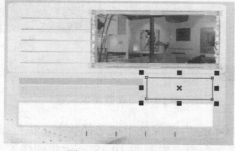

图 19-21　绘制矩形

26 导入本书附带光盘中的"时尚杂志插画/实例 18~20：绘制楼盘销售宣传页/地图.jpg"
文件。

27 依照上述方法，参照图 19-22 所示将导入的"地图"图像移动至矩形中，并将轮廓
线颜色设置为黄色（C：23、M：29、Y：81、K：0）。

图 19-22　将图像置于容器中

28 现在本实例的制作就全部完成了，完成后的效果如图 19-23 所示。将本实例保存，
以便在实例 20 中使用。

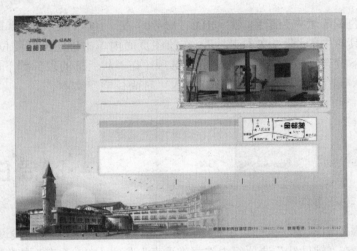

图 19-23　完成后的效果

实例 20　绘制楼盘销售宣传页（文本和细节部分处理）

在本实例中，将指导读者绘制楼盘销售宣传页的文本和细节部分，细
节部分需要绘制图形，并导入位图，将位图置于绘制的图形中。通过
本实例的学习，使读者了解在 CorelDRAW X4 中辅助线工具的使用
方法。

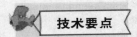

在本实例中，首先使用文本工具键入相关文本，然后借助辅助线工具
复制文本，使用箭头形状工具绘制所需图形，完成本实例的制作。完
成后的效果如图 20-1 所示。

图 20-1 楼盘销售宣传页效果

⬚1⬚ 打开实例 19 中保存的文件，选择工具箱中的 ⬚ "箭头形状" 工具，单击属性栏中的 "完美形状" 下拉按钮，在打开的完美形状面板中选择 ⬚ 图形，在如图 20-2 所示的位置绘制图形。

⬚2⬚ 将绘制的图形填充为绿色（C：100、M：0、Y：100、K：0），并取消其轮廓线。

⬚3⬚ 选择工具箱中的 **字** "文本工具"，在绘图页面内单击确定文字的位置，在属性栏中的 "字体列表" 下拉选项栏中选择 "综艺体" 选项，在 "从上部的顶部到下部的底部的高度" 参数栏中键入 24，在如图 20-3 所示的位置键入 "时尚住宅" 文本。

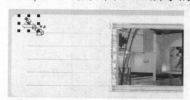

图 20-2 绘制图形

图 20-3 键入文本

⬚4⬚ 接下来添加辅助线。执行菜单栏中的 "视图" / "设置" / "辅助线设置" 命令，打开 "选项" 对话框，在 "辅助线" 选项组中选择 "垂直" 选项，在 "垂直" 参数栏中键入 80.000，单击 "添加" 按钮，如图 20-4 所示。

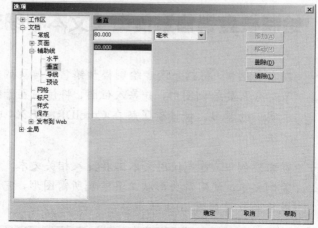

图 20-4 "选项" 对话框

5 单击"选项"对话框中的"确定"按钮，退出"选项"对话框，在绘图页面内出现创建的辅助线，如图 20-5 所示。

读者可以通过拖动绘图窗口中的水平或垂直标尺来添加辅助线。

图 20-5　创建辅助线

6 选择工具箱中的 **字** "文本工具"，在绘图页面内单击确定文字的位置，在属性栏中的"字体列表"下拉选项栏中选择"综艺体"选项，在"从上部的顶部到下部的底部的高度"参数栏中键入 12，在如图 20-6 所示的位置键入"最受欢迎"文本。

7 确定键入的文本处于被选择状态，按下键盘上的 **Ctrl+C** 组合键，复制文本，并将键入的文本移动至如图 20-7 所示的位置。

图 20-6　键入文本

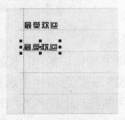

图 20-7　调整文本位置

8 确定复制的文本处于被选择状态，连续按下键盘上的 **Ctrl+C** 组合键两次，复制文本，如图 20-8 所示。

图 20-8　复制文本

8 选择工具箱中的 **字** "文本工具",单击第 2 排的"最受欢迎"文本,将该文本更改为"最具安全",如图 20-9 所示。

10 使用同样方法,将其他文本分别更改为"生活舒适"和"优雅布局",如图 20-10 所示。

图 20-9　更改文本内容　　　　　　　　　　　图 20-10　更改其他文本

11 拖动绘图窗口中的垂直标尺,在如图 20-11 所示的位置添加辅助线。

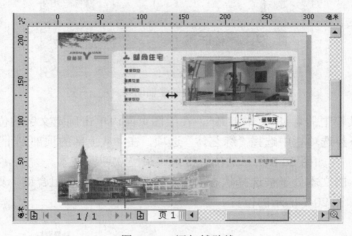

图 20-11　添加辅助线

12 选择工具箱中的 **字** "文本工具",在绘图页面内单击确定文字的位置,在属性栏中的"字体列表"下拉选项栏中选择 Arno Pro Smbd Subhead 选项,在"从上部的顶部到下部的底部的高度"参数栏中键入 6,在如图 20-12 所示的位置键入"ZUISHOUHUANYING"文本。

图 20-12　键入文本

13 使用以上设置,参照图 20-13 所示,分别键入"ZUIJUANQUAN"、"SHENGHUOSHUSHI"、"YOUYABUJU"文本。

图 20-13　键入其他文本

14 执行菜单栏中的"视图"/"辅助线"命令,隐藏辅助线。

15 选择工具箱中的 **字** "文本工具",在绘图页面内单击确定文字的位置,在属性栏中的"字体列表"下拉选项栏中选择"综艺体"选项,在"从上部的顶部到下部的底部的高度"参数栏中键入 12,在如图 20-14 所示的位置键入"每日新看点"文本。

图 20-14　键入文本

16 将文本颜色设置为土橄榄色(C：0、M：0、Y：20、K：60)。

17 选择工具箱中的 **彐** "箭头形状"工具,单击属性栏中的"完美形状"下拉按钮,在打开的完美形状面板中选择 **⇨** 图形,在如图 20-15 所示的位置绘制图形。

图 20-15　绘制图形

18 将图形填充为红色(C：0、M：100、Y：100、K：0),并取消其轮廓线。

19 选择工具箱中的 **字** "文本工具",在绘图页面内单击鼠标确定文字的位置,在属性栏中的"字体列表"下拉选项栏中选择"楷体_GB2312"选项,在"从上部的顶部到下部的底部的高度"参数栏中键入 8,在如图 20-16 所示的位置键入"点击进入"文本。

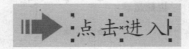

图 20-16　键入文本

20 确定键入的文本处于被选择状态,在属性栏中单击 **U** "下画线"按钮,将文本颜色设置为红色（C：0、M：100、Y：100、K：0），如图 20-17 所示。

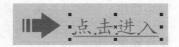

图 20-17　设置文本属性

21 选择工具箱中的 字 "文本工具"，在绘图页面内单击鼠标确定文字的位置，在属性栏中的"字体列表"下拉选项栏中选择"黑体"选项，在"从上部的顶部到下部的底部的高度"参数栏中键入 8，在如图 20-18 所示的位置键入相关文本。

图 20-18　键入文本

22 选择工具箱中的 字 "文本工具"，在绘图页面内单击鼠标确定文字的位置，在属性栏中的"字体列表"下拉选项栏中选择"黑体"选项，在"从上部的顶部到下部的底部的高度"参数栏中键入 8，单击 Ｕ "下画线"按钮，在如图 20-19 所示的位置键入"近期趣事"文本。

图 20-19　键入文本

23 选择工具箱中的 □ "矩形工具"，在如图 20-20 所示的位置绘制一个矩形。

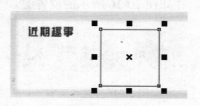

图 20-20　绘制矩形

24 在属性栏中单击 🔒"全部圆角"按钮，将边角圆滑度均设置为 20，如图 20-21 所示。

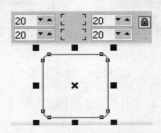

图 20-21　设置矩形边角圆滑度

25 执行菜单栏中的"文件"/"导入"命令，导入本书附带光盘中的"时尚杂志插画/实例 18~20：绘制楼盘销售宣传页/素材 06.jpg"文件，单击"导入"按钮，退出该对话框，参照图 20-22 所示调整图像位置。

图 20-22　调整图像位置

26 确定导入的"素材 06.jpg"图像处于被选择状态，执行菜单栏中的"效果"/"图框精确剪裁"/"放置在容器中"命令，将图像置于新绘制的矩形中并取消矩形轮廓线，如图 20-23 所示。

图 20-23　将图像置于矩形中

27 导入"素材 07.jpg"图像，依照上述方法，将图像至于矩形中，并取消其轮廓线，如图 20-24 所示。

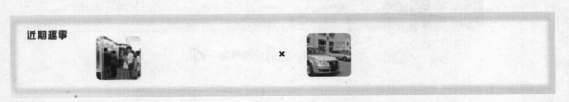

图 20-24　将图像置于矩形中

28 选择工具箱中的 字"文本工具"，参照图 20-25 所示键入相关文本。

图 20-25　键入文本

29 选择工具箱中的 **字** "文本工具"，参照图 20-26 所示键入相关文本。

图 20-26　键入文本

30 现在本实例的制作就全部完成了，完成后的效果如图 20-27 所示。如果读者在制作过程中遇到了什么问题，可以打开本书附带光盘中的"时尚杂志插画/实例 18~20：绘制楼盘销售宣传页/绘制楼盘销售宣传页.cdr"文件，这是本实例完成后的文件。

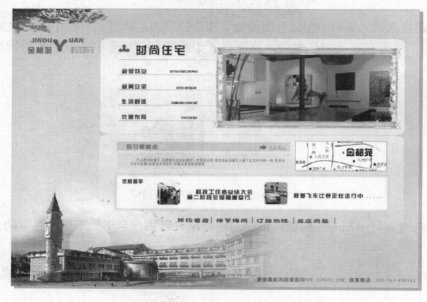

图 20-27　完成后的效果

第3篇

电影海报

　　电影海报的绘制较为复杂，为了表现海报丰富的色彩和层次感，在实例的制作中主要使用了各种交互式工具。通过这部分练习，使读者了解使用各种交互式工具来实现对象丰富视觉效果的方法。

实例 21　绘制国画风格海报

在本实例中，将指导读者绘制国画风格海报，本海报为中式风格，并使用了传统纹样作为装饰图案。通过本实例的学习，使读者了解在CorelDRAW X4中放置在容器中水彩画工具、高斯式模糊工具和艺术笔工具的使用方法。

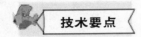

在本实例中，首先导入文本素材，使用透明度工具设置文本整体透明度效果，然后使用文本工具键入相关文本，并使用水彩画工具设置文本水彩画效果，使用高斯式模糊工具加强文本效果，最后使用艺术笔工具绘制所需图形，完成本实例的制作。完成后的效果如图21-1所示。

图 21-1　国画风格海报效果

　① 运行 CorelDRAW X4，在运行界面上出现"快速入门"对话框。在该对话框中单击"新建空白文档"超链接，进入系统默认界面。

　② 选择工具箱中的 □ "矩形工具"，在绘图页面内绘制一个任意矩形，选择新绘制的图形，在属性栏中的 ↔ "对象大小"参数栏中键入 210，确定矩形的宽度，在 ↕ "对象大小"参数栏中键入 297，确定矩形的高度。

　③ 执行菜单栏中的"排列"/"对齐与分布"/"在页面居中"命令，将矩形放置在页面中心位置，如图 21-2 所示。

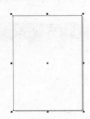

图 21-2　居中对齐

4 将矩形填充为淡黄色（C：3、M：6、Y：18、K：0），取消其轮廓线。

5 执行菜单栏中的"文件"/"导入"命令，导入本书附带光盘中的"电影海报/实例21：绘制国画风格文字/文本01.psd"文件，如图21-3所示，单击"导入"按钮，退出该对话框。

图21-3　"导入"对话框

6 按下键盘上的 Enter 键，将"文本01.psd"文件导入至绘图页面中心位置，如图21-4所示。

7 选择工具箱中的 "交互式透明工具"，在属性栏中的"透明度类型"下拉选项栏中选择"标准"选项，在"开始透明度"参数栏中键入92，设置图像的交互式透明效果如图21-5所示。

图21-4　导入"文本01.psd"文件

图21-5　设置图像透明效果

8 使用同样的方法，导入本书附带光盘中的"电影海报/实例 21：绘制国画风格文字/

文本 02.psd" 文件，按下键盘上的 Enter 键，将 "文本 02.psd" 文件导入至绘图页面中心位置，如图 21-6 所示。

9 参照图 21-7 所示调整文本素材的位置和形态。

 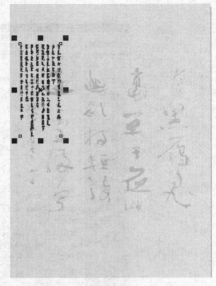

图 21-6　导入 "文本 02.psd" 文件　　　　　　图 21-7　调整文本位置和形态

10 选择工具箱中的 字 "文本工具"，在绘图页面内单击确定文字的位置，在属性栏中的 "字体列表" 下拉选项栏中选择 "方正宋繁黑体" 选项，在 "从上部的顶部到下部的底部的高度" 参数栏中键入 230，激活 "将文本更改为垂直方向" 按钮，在如图 21-8 所示的位置键入 "清雅" 文本。

11 按下键盘上的 Ctrl+D 组合键，复制文本。将复制后的文本设置为绿色（C：84、M：29、Y：99、K：2），并参照图 21-9 所示将其移动至绘图页面外部，以便在后面操作中使用。

图 21-8　键入文本　　　　　　　　　　图 21-9　调整文本位置

12 选择绘图页面中的 "清雅" 文本，执行菜单栏中的 "位图" / "转换为位图" 命令，打开 "转换为位图" 对话框，在 "选项" 选项组中选择 "透明背景" 复选框，其他参数使用默认设置，如图 21-10 所示。单击"确定"按钮，退出该对话框。

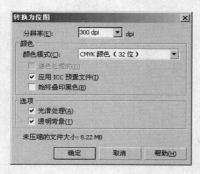

图 21-10　"转换为位图"对话框

13　执行菜单栏中的"位图"/"艺术笔触"/"水彩画"命令，打开"水彩画"对话框。在"画刷大小"参数栏中键入 7，在"粒状"参数栏中键入 73，在"水量"参数栏中键入 84，在"出血"参数栏中键入 60，在"亮度"参数栏中键入 9，如图 21-11 所示。

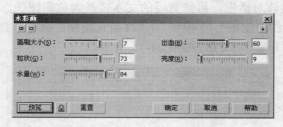

图 21-11　"水彩画"对话框

14　单击"水彩画"对话框中的"确定"按钮，退出"水彩画"对话框，设置"水彩画"后的效果如图 21-12 所示。

图 21-12　设置"水彩画"后的效果

15　选择工具箱中的　"钢笔工具"，在绘图页面外部的"清雅"文本上绘制一个闭合路径，如图 21-13 所示。

16　选择绘制的闭合路径和"清雅"文本，在属性栏中单击　"简化"按钮，修剪文本，修剪后的文本效果如图 21-14 所示。

图 21-13　绘制闭合路径　　　　　　　　　　　　图 21-14　修剪后的文本效果

⑰　选择步骤 15 绘制的步骤的路径，按下键盘上的 Delete 键将其删除。

⑱　选择修剪后的文本，执行菜单栏中的"位图"/"转换为位图"命令，打开"转换为位图"对话框，在"选项"选项组中选择"透明背景"复选框，其他参数使用默认设置。单击"确定"按钮，退出该对话框，将修剪后的文本转换为位图图像。

⑲　执行菜单栏中的"位图"/"模糊"/"高斯式模糊"命令，打开"高斯式模糊"对话框，在"半径"参数栏中键入 26.0，如图 21-15 所示。

图 21-15　"高斯式模糊"对话框

⑳　单击"高斯式模糊"对话框中的"确定"按钮，退出"高斯式模糊"对话框，设置"高斯式模糊"后的效果如图 21-16 所示。

㉑　将图像移动至如图 21-17 所示的位置。

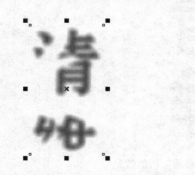

图 21-16　设置"高斯式模糊"后的图像效果　　　　图 21-17　调整图像位置

㉒　导入本书附带光盘中的"电影海报/实例 21：绘制国画风格文字/竹子.psd"文件，将其移动至如图 21-18 所示的位置。

㉓　导入"印章.psd"文件，将其移动至如图 21-19 所示的位置。

图 21-18 调整图像位置

图 21-19 调整图像位置

24 导入"边框.psd"文件，将其移动至如图 21-20 所示的位置

图 21-20 调整图像位置

25 选择导入的"边框.psd"文件，按下键盘上的 **Ctrl+C** 组合键，复制"边框.psd"文件，在属性栏中的"旋转角度"参数栏中键入 180，将旋转后的"边框.psd"文件移动至绘图页面底部，如图 21-21 所示。

26 在工具箱中单击 "钢笔工具"按钮，在弹出的下拉按钮中选择 "艺术笔"选项，在属性栏中激活 "笔刷"按钮，在"艺术笔工具宽度"参数栏中键入 5，在"笔触列表"下拉选项栏中选择 选项，然后参照图 21-22 所示绘制图形。

图 21-21 调整图像位置

图 21-22 绘制图形

27 将绘制的图形填充为绿色（C：58、M：0、Y：98、K：0）。

28 现在本实例的制作就全部完成了，完成后的效果如图 21-23 所示。如果读者在制作过程中遇到了什么问题，可以打开本书附带光盘中的"电影海报/实例 21：绘制国画风格文字/绘制国画风格文字.cdr"文件，这是本实例完成后的文件。

图 21-23　完成后的效果

实例 22　绘制错位文字海报

在本实例中，将指导读者绘制错位文字海报。本实例中，以错乱叠加的字母和不同颜色的描边效果字母来突出主题内容。通过本实例的学习，使读者了解在 CorelDRAW X4 中使用交互式轮廓图工具设置文字的描边效果和复制对象属性的方法。

在本实例中，首先使用矩形工具绘制矩形图形，使用填充工具填充图形，然后使用文本工具键入文本，并使用打散美术字工具将文字打散，接下来使用交互式阴影工具设置文字的阴影效果，并使用复制阴影的属性工具复制阴影效果，最后使用钢笔绘制路径，完成本实例的制作。完成后的效果如图 22-1 所示。

图 22-1　错位文字海报效果

1 运行 CorelDRAW X4，在运行界面上出现"快速入门"对话框。在该对话框中单击

"新建空白文档"超链接，进入系统默认界面。

2 选择工具箱中的 □ "矩形工具"，在绘图页面内绘制一个任意矩形，选择新绘制的图形，在属性栏中的 ⟷ "对象大小"参数栏中键入 125，确定矩形的宽度，在 ↨ "对象大小"参数栏中键入 180，确定矩形的高度，调整后的矩形如图 22-2 所示。

3 选择新绘制的矩形，将其填充为淡黄色（C：2、M：2、Y：5、K：0），并取消其轮廓线。

4 选择工具箱中的 □ "矩形工具"，然后参照图 22-3 所示绘制一个矩形。

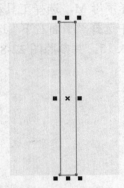

图 22-2　矩形效果　　　　　　　　　　图 22-3　绘制另一个矩形

5 确定新绘制的矩形处于被选择状态，将其填充为由黄色（C：0、M：0、Y：100、K：0）到红色（C：0、M：60、Y：100、K：0）的线性渐变色，并取消其轮廓线，如图 22-4 所示。

6 选择工具箱中的 □ "矩形工具"，参照图 22-5 所示绘制一个矩形，将其填充为深红色（C：23、M：100、Y：98、K：0），并取消其轮廓线。

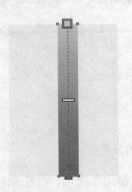

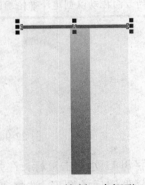

图 22-4　填充图形并取消其轮廓线　　　　图 22-5　绘制一个矩形

7 选择工具箱中的 字 "文本工具"，在绘图页面内单击确定文字的位置，并键入"MKUIGUY"文本。选择该文本，在属性栏中的"字体列表"下拉选项栏中选择 Cooper Std Black 选项，确定字体的类型。在"从上部的顶部到下部的底部的高度"参数栏中键入 50，确定字体大小，并将其移动至如图 22-6 所示的位置。

8 选择新键入的文本，执行菜单栏中的"排列"/"打散美术字"命令，将文本打散。

9 分别选择打散后的字母，然后参照图 22-7 所示调整各字母的位置和角度。

图 22-6　移动文本

图 22-7　调整各字母的位置和角度

10 　选择字母 M，选择工具箱中的 "交互式阴影工具"，在属性栏中的"预设列表"下拉选项栏中选择"平面右下"选项，在"阴影的不透明"参数栏中键入 30，在"阴影羽化"参数栏中键入 15，并参照图 22-8 所示设置文字的交互式阴影后效果。

图 22-8　设置文字阴影效果

11 　选择绘图页面右侧的字母 U，将其填充为绿色（C：100、M：0、Y：100、K：0），选择工具箱中的"交互式轮廓图工具"，在属性栏中激活 "向外"按钮，在"轮廓图步长"参数栏中键入 1，在"轮廓图偏移"参数栏中键入 2，将"填充色"设置为黑色，设置交互式轮廓后的字母效果如图 22-9 所示。

> 单击一个对象或一组群组对象，然后向中心拖动起始手柄以创建内部轮廓图，或向远离中心的方向拖动以创建外部轮廓图。

提示

图 22-9　设置字母的交互式轮廓后的效果

12 　在字母 U 处右击鼠标，在弹出的快捷菜单中选择"群组"选项，将轮廓和图形群组。

13 　选择群组后的图形，选择工具箱中的 "交互式阴影工具"，在属性栏中单击 "复制阴影的属性"按钮，然后在字母 M 的阴影处单击鼠标，如图 22-10 所示。

图 22-10　复制阴影的属性

14 选择字母 K，将其填充为绿色（C：100、M：0、Y：100、K：0）。选择工具箱中的□ "交互式轮廓图工具"，在属性栏中激活 ⊞ "向外"按钮，在"轮廓图步长"参数栏中键入 1，在"轮廓图偏移"参数栏中键入 2，将"填充色"设置为白色，设置交互式轮廓后的字母效果如图 22-11 所示。

15 将新设置交互式轮廓后的字母进行群组，然后使用上述复制阴影属性的方法，将其复制字母 M 的阴影效果，如图 22-12 所示。

图 22-11 设置交互式轮廓后的字母效果

图 22-12 复制阴影效果

16 选择工具箱中的□ "矩形工具"，绘制一个矩形，将其填充为黑色，并取消其轮廓线。

17 选择新绘制的矩形，执行菜单栏中的"排列"/"顺序"/"置于此对象后"命令，单击字母 I，将矩形移动到该对象后面，如图 22-13 所示。

图 22-13 调整图形顺序

18 将字母 I 填充为白色，参照图 22-14 所示调整矩形的位置和角度。

图 22-14 调整矩形的位置和角度

19 选择工具箱中的□ "矩形工具"，绘制一个矩形，将其填充为黑色，取消其轮廓线，参照图 22-15 所示调整该图形的位置和角度。

图 22-15　调整图形的位置和角度

20　在新绘制的矩形处右击鼠标，在弹出的快捷菜单中选择"转换为曲线"命令，将图形转换为曲线，选择工具箱中的 "形状工具"，参照图 22-16 所示调整图形的形态。

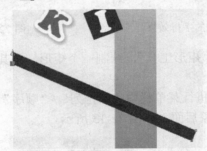

图 22-16　调整图形的形态

21　选择工具箱中的 "钢笔工具"，在如图 22-17 所示的位置绘制一条直线段。

图 22-17　绘制直线段

22　选择新绘制的直线段，然后单击工具箱中的 字 "文本工具"按钮，将光标移动至新绘制的路径，当光标改变形状时单击，确定文字的位置，然后键入如图 22-18 所示的文本。

图 22-18　键入文本

23 选择新键入的文本，在属性栏中的"字体列表"下拉式选项栏中选择 Arial Black 选项，在"从上部的顶部到下部的底部的高度"参数栏中键入 16，设置文本颜色为白色，然后参照图 22-19 所示调整文本的位置。

图 22-19　调整文本的位置

24 选择工具箱中的 □ "矩形工具"绘制一个矩形，将其填充为黑色，取消其轮廓线，将图形放置在如图 22-20 所示的位置。

图 22-20　绘制矩形

25 选择工具箱中的 字 "文本工具"，在绘图页面内单击确定文字的位置，并键入"KU"文本。选择该文本，在属性栏中的"字体列表"下拉式选项栏中选择 Blackoak Std 选项，在"从上部的顶部到下部的底部的高度"参数栏中键入 30，然后将字母 K 的颜色设置为白色，将字母 U 的颜色设置为黑色，并放置如图 22-21 所示的位置。

图 22-21　键入文本

26 选择新键入的文本和矩形，然后参照图 22-22 所示调整其旋转角度和位置。

图 22-22　设置旋转角度和位置

27 现在本实例的制作就全部完成了，完成后的效果如图 22-23 所示。如果读者在制作过程中遇到了什么问题，可以打开本书附带光盘中的"电影海报/实例 22：绘制错位文字/绘制错位文字.cdr"文件，这是本实例完成后的文件。

图 22-23　完成后的效果

实例 23　绘制立体感文字效果海报（背景）

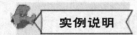

在本实例中和实例 22 中，将指导读者绘制立体感文字效果海报，本实例将绘制背景部分。通过本实例的学习，使读者了解折线工具、交互式填充工具的使用方法，以及位图的编辑方法。

在本实例中，首先使用矩形工具绘制出立体感文字底纹；多次应用折线工具绘制出各个色块图形，并通过交互式填充工具填充图形；应用艺术笔工具绘制出背景上的装饰图案，通过打散艺术笔群组和结合工具使装饰图案成为普通图形，并应用交互式填充工具填充该图形，完成本实例的制作。完成后的效果如图 23-1 所示。

图 23-1　立体感文字效果海报

1 运行 CorelDRAW X4，在运行界面上出现"快速入门"对话框。在该对话框中单击"新建空白文档"超链接，进入系统默认界面。

2 选择工具箱中的 □ "矩形工具"，在绘图页面内绘制一个任意矩形，选择新绘制的图形，在属性栏中的 "对象大小"参数栏中键入 250，确定矩形的宽度，在 "对象大小"参数栏中键入 250，确定矩形的高度，调整后的矩形如图 23-2 所示。

3 选择工具箱中的 "折线工具"，然后参照图 23-3 所示绘制闭合路径，并将其命名为"曲线 01"。

图 23-2 矩形效果

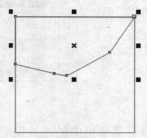
图 23-3 绘制闭合路径

4 接下来使用同样方法，再次在矩形内部按照从左到右的顺序绘制 3 个闭合路径，依次将其命名为"曲线 02"、"曲线 03"和"曲线 04"，如图 23-4 所示。

5 选择矩形，按下键盘上的 Delete 键，删除该图形。

6 确定"曲线 01"处于被选择状态，将其填充为由红色、蓝色（C：83、M：31、Y：22、K：0）到白色的线性渐变，并取消其轮廓线，如图 23-5 所示。

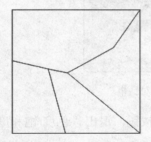
图 23-4 绘制底部的 3 个闭合路径

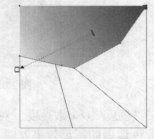
图 23-5 填充图形并取消其轮廓线

7 选择填充后的图形，执行菜单栏中的"位图"/"转换为位图"命令，打开"转换为位图"对话框。在"分辨率"下拉选项栏中选择 300 dpi 选项，在"颜色模式"下拉式选择栏内选择"CMYK 颜色（32 位）"选项，选择"应用 ICC 预置文件"复选框，在"选项"选项组中选择"光滑处理"和"透明背景"复选框，如图 23-6 所示，然后单击"确定"按钮，退出该对话框。

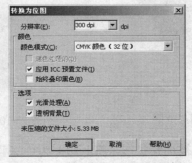
图 23-6 "转换为位图"对话框

8 确定"曲线 01"处于被选择状态，执行菜单栏中的"位图"/"艺术笔触"/"立体派"命令，打开"立体派"对话框。在"大小"参数栏中键入 12，如图 23-7 所示。然后单击"确定"按钮，退出该对话框。

图 23-7 "立体派"对话框

9 执行菜单栏中的"效果"/"调整"/"色度/饱和度/亮度"命令，打开"色度/饱和度/亮度"对话框。在"色频通道"选项组中选择"绿"单选按钮，在"色度"参数栏中键入 180，如图 23-8 所示。

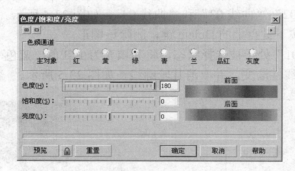

图 23-8 "色度/饱和度/亮度"对话框

10 在"色度/饱和度/亮度"对话框中单击"确定"按钮，退出"色度/饱和度/亮度"对话框，设置色调后的图形效果如图 23-9 所示。

11 确定"曲线 02"处于被选择状态，将其填充为由蓝色（C：76、M：22、Y：16、K：0）到白色的线性渐变，并取消其轮廓线，如图 23-10 所示。

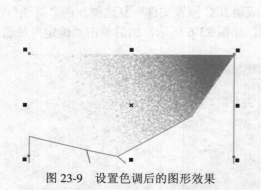

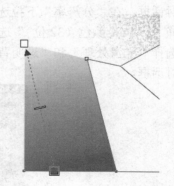

图 23-9 设置色调后的图形效果　　　　　图 23-10 填充图形并取消其轮廓线

12 确定"曲线 03"处于被选择状态，将其填充为由深蓝色（C：95、M：69、Y：45、K：12）到蓝色（C：53、M：7、Y：15、K：0）的线性渐变色，并取消其轮廓线，如图 23-11

所示。

$\boxed{13}$　确定"曲线 03"处于被选择状态，将其填充为由蓝色（C：40、M：4、Y：11、K：0）、白色、白色组成的射线渐变色，并取消其轮廓线，如图 23-12 所示。

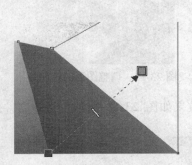

图 23-11　填充图形并取消其轮廓线

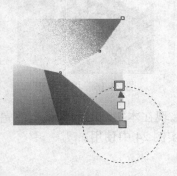

图 23-12　填充图形并取消其轮廓线

$\boxed{14}$　选择工具箱中的 $\mathbf{\searrow}$ "艺术笔工具"，在属性栏中单击 $\mathbf{\uparrow}$ "笔刷"按钮，在"艺术笔工具宽度"参数栏中键入 20.0 mm，在"笔触列表"下拉选项栏中选择如图 23-13 所示选项，以确定笔刷类型。

图 23-13　设置笔刷的基本属性

$\boxed{15}$　结束笔刷的基本设置后，参照图 23-14 所示绘制图形。

$\boxed{16}$　选择新绘制的笔触图形，然后执行菜单栏中的"排列"/"打散艺术笔群组"命令，将其打散，如图 23-15 所示。

图 23-14　绘制图形

图 23-15　打散艺术笔群组

$\boxed{17}$　选择曲线，将其删除，然后选择笔刷图形，执行菜单栏中的"排列"/"取消群组"命令，取消群组。

$\boxed{18}$　确定取消群组后的图形处于被选择状态，执行菜单栏中的"排列"/"结合"命令，结合图形，将其命名为"笔触"。

$\boxed{19}$　确定"笔触"处于被选择状态，将其填充为由深蓝色（C：96、M：70、Y：30、K：3）到蓝色（C：70、M：0、Y：2、K：0）的线性渐变色，如图 23-16 所示。

$\boxed{20}$　选择工具箱中的 $\mathbf{\curlyvee}$ "交互式透明工具"，然后参照图 23-17 所示调整图形的交互式透明效果。

图 23-16　填充图形

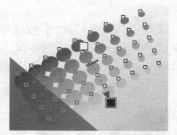

图 23-17　调整图形的透明效果

21 现在本实例的制作就全部完成了，完成后的效果如图 23-18 所示。将该文件保存，以便在实例 24 中使用。

图 23-18　完成后的效果

实例 24　绘制立体感文字效果海报（前景）

在本实例中，将指导读者绘制立体感文字效果的前景，前景由多个立体文字组成，为了使文字具有更强的立体感，在绘制中使用了交互式立体化工具。通过本实例的学习，使读者了解交互式立体化工具的使用方法，以及使图形具有立体效果的方法。

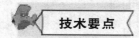

在本实例中，首先使用文本工具绘制前景上所需要的文字，接着打散文本，以便于编辑单个文字，通过交互式立体化工具使文字产生立体效果，并打散文本与立体化图形，单个填充图形；最后使用艺术笔工具添加图案，完成本实例的制作。完成后的效果如图 24-1 所示。

图 24-1　立体感文字效果海报

1 运行 CorelDRAW X4，在运行界面上出现"快速入门"对话框。在该对话框中单击"打开其他文档"按钮，打开"打开绘图"对话框，选择本书附带光盘中的"电影海报/实例 23~24：绘制立体感文字效果/绘制立体感文字效果.cdr"文件，单击"打开"按钮，打开该文件。

2 选择工具箱中的 **字** "文本工具"，在绘图页面内单击确定文字的位置，并键入"mucase"文本，选择该文本，在属性栏中的"字体列表"下拉选项栏中选择 Arial Black 选项，确定字体的类型，在"从上部的顶部到下部的底部的高度"参数栏中键入 100，确定字体大小，并放置如图 24-2 所示的位置。

图 24-2　键入文本

3 确定新键入的文本处于选择状态，执行菜单栏中的"排列" / "打散美术字"命令，将其打散。

4 选择字母 m，选择工具箱中的 "交互式封套工具"，在属性栏中单击 □ "封套的直线模式"按钮，然后参照图 24-3 所示设置文本的交互式封套效果。

> 为使读者能看清楚文字的封套效果，字母 m 以白色显示。

提示

图 24-3　设置文本的交互式封套效果

5 确定调整后的字母"m"处于选择状态，将其命名为 m，选择工具箱中的 "交互式填充工具"，参照图 24-4 所示设置图形渐变色由深绿色（C：93、M：53、Y：94、K：25）、绿色（C：82、M：8、Y：100、K：0）、淡绿色（C：45、M：4、Y：99、K：0）和黄色（C：16、M：0、Y：95、K：0）组成。

6 选择工具箱中的 "交互式立体化工具"，拖动图形设置图形的方向和深度，在属性栏中的"深度"参数栏中键入 20，在 "灭点坐标"参数栏中键入 40，在 "灭点坐标"

参数栏中键入-50，设置交互式立体化后的图形效果如图 24-5 所示。

图 24-4　填充图形　　　　　　　　　　图 24-5　设置交互式立体化后的图形效果

7 设置图形的交互式立体化效果后，执行"排列"/"打散立体化群组"命令，打散图形和立体化产生的图形。

8 选择立体化产生的图形，右击该图形，在弹出的快捷菜单中选择"取消全部群组"选项，取消全部群组，并依次生成 5 个曲线对象，分别将这几个曲线命名为"曲线 01"、"曲线 02"、"曲线 03"、"曲线 04"和"曲线 05"。

8 确定"曲线 01"处于被选择状态，将其填充为由绿色（C：88、M：27、Y：97、K：2）到深绿色（C：93、M：53、Y：94、K：25）的线性渐变色，如图 24-6 所示。

10 确定"曲线 02"处于被选择状态，将其填充为由绿色（C：88、M：27、Y：97、K：2）到深绿色（C：92、M：53、Y：91、K：26）的线性渐变色，如图 24-7 所示。

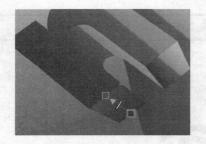

图 24-6　设置图形的交互式填充效果　　　　　　图 24-7　设置图形的交互式填充效果

11 确定"曲线 03"处于被选择状态，将其填充为由绿色（C：80、M：20、Y：90、K：0）到深绿色（C：93、M：53、Y：94、K：25）的线性渐变色，如图 24-8 所示。

图 24-8　设置图形的交互式填充效果

⓬ 确定新绘制的椭圆处于被选择状态，将其填充为由绿色（C：100、M：0、Y：100、K：0）到深绿色（C：93、M：53、Y：94、K：25）的线性渐变色，如图 24-9 所示。

⓭ 确定"曲线 05"处于被选择状态，将其填充为由绿色（C：100、M：0、Y：100、K：0）到深绿色（C：93、M：53、Y：94、K：25）的线性渐变色，如图 24-10 所示。

图 24-9 设置图形的交互式填充效果

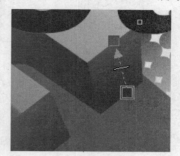

图 24-10 设置图形的交互式填充效果

⓮ 接下来参照上述设置字母 m 的立体效果的方法，依次设置字母 u、c、a、s、e 的立体化效果，将字母 c、s、e 整体色调设置为绿色，将字母 u 和 a 的整体色调设置为黄色，如图 24-11 所示。

在设置其他字母的立体化效果时，读者可根据实际情况调整各个面的渐变效果，使其呈现凹凸效果。

提示

图 24-11 设置其他字母的立体化效果

⓯ 单击工具箱中的 "手绘工具"下拉按钮，在弹出的下拉按钮中选择 "艺术笔工具"选项，在属性栏中激活 "喷罐"按钮，在"喷涂列表文件列表"下拉选项栏中选择如图 24-12 所示的选项，在"选择喷涂顺序"下拉选项栏中选择"按方向"选项，在 "要喷涂的对象的小块颜料/间距"参数栏中键入 1，在 "要喷涂的对象的小块颜料/间距"参数栏中键入 20.0 mm。

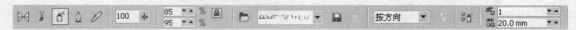

图 24-12 设置"艺术笔工具"的相关属性

16 参照图 24-13 所示绘制图形效果。

图 24-13　绘制图形

17 选择新绘制的图形，执行菜单栏中的"位图"/"转换为位图"命令，打开"转换为位图"对话框。在"分辨率"下拉选项栏中选择 300 dpi 选项，在"颜色模式"下拉式选择栏内选择"CMYK 颜色（32 位）"选项 ，并选择"应用 ICC 预置文件"复选框，在"选项"选项组中选择"光滑处理"和"透明背景"复选框，如图 24-14 所示。

图 24-14　"转换为位图"对话框

18 在"转换为位图"对话框中单击"确定"按钮，退出"转换为位图"对话框。这时图形转换为位图。

19 选择位图，执行菜单栏中的"效果"/"替换颜色"命令，打开"替换颜色"对话框，将"原颜色"设置为黑色，将"新建颜色"设置为蓝色（C：91、M：45、Y：9、K：0），如图 24-15 所示。

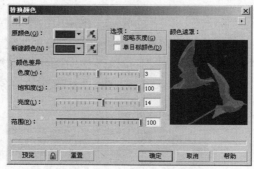

图 24-15　"替换颜色"对话框

20 在"替换颜色"对话框中单击"确定"按钮，退出"替换颜色"对话框，调整颜色后的图形效果如图 24-16 所示。

图 24-16　调整颜色后的图形效果

21 执行菜单栏中的"效果"/"调整"/"色度/饱和度/亮度"命令，打开"色度/饱和度/亮度"对话框，在"色频通道"选项组中选择"青"单选按钮，在"色度"参数栏中键入 0，在"饱和度"参数栏中键入 50，在"亮度"参数栏中键入 30，如图 24-17 所示。

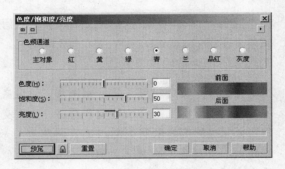

图 24-17　"色度/饱和度/亮度"对话框

22 在"色度/饱和度/亮度"对话框中单击"确定"按钮，退出"色度/饱和度/亮度"对话框。设置"色度/饱和度/亮度"后的图形效果如图 24-18 所示。

图 24-18　设置图形"色度/饱和度/亮度"后的效果

23 现在本实例的制作就全部完成了，完成后的效果如图 24-19 所示。如果读者在制作过程中遇到了什么问题，可以打开本书附带光盘中的"电影海报/实例 23~24：绘制立体感文字效果/绘制立体感文字效果.cdr"文件，这是本实例完成后的文件。

图 24-19   完成后的效果

实例 25   绘制火焰效果文字海报

在本实例中，将指导读者绘制火焰效果文字海报。通过本实例的学习，使读者了解在 CorelDRAW X4 中底纹填充、打散阴影群组工具和交互式立体化工具的使用方法。

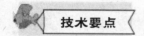

在本实例中，使用矩形工具绘制图形，使用底纹填充工具填充图形效果，然后使用钢笔工具绘制闭合路径，使用交互式阴影工具设置图形阴影效果，使用打散阴影群组工具将阴影打散，通过调整打散后的阴影的大小和颜色完成逼真的火焰效果，最后使用交互式立体化工具设置文本的立体效果，完成本实例的制作。完成后的效果如图 25-1 所示。

图 25-1 火焰效果文字海报

1 运行 CorelDRAW X4，在运行界面上出现"快速入门"对话框。在该对话框中单击"新建空白文档"超链接，进入系统默认界面。

2　选择工具箱中的　"矩形工具"，在绘图页面内绘制一个任意矩形，选择新绘制的图形，在属性栏中的　"对象大小"参数栏中键入 200，确定矩形的宽度，在　"对象大小"参数栏中键入 125，确定矩形的高度，在菜单栏中执行"排列" / "对齐与分布" / "在页面居中"命令，将矩形放置在页面中心位置。

3　确定绘制的矩形处于选择状态，在工具箱中单击　"填充"下拉按钮，在弹出的下拉按钮中选择"渐变填充"选项，打开"渐变填充"对话框。在"类型"下拉选项栏中选择"射线"选项，在"颜色调和"选项组中将"从"显示窗中的颜色设置为黑色，将"到"显示窗中的颜色设置为红色（C：27、M：95、Y：97、K：1），在"中点"参数栏中键入 17，其他参数使用默认设置，如图 25-2 所示，单击"确定"按钮，退出该对话框。

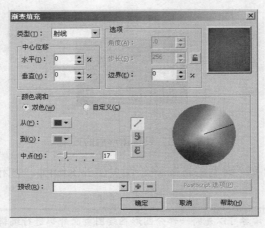

图 25-2　"渐变填充"对话框

4　将填充后的矩形进行原地复制，确定复制后的图形处于选择状态，在工具箱中单击　"填充"下拉按钮，在弹出的下拉按钮中选择"底纹填充"选项，打开"底纹填充"对话框。在"底纹库"下拉式选项栏中选择"样式"选项，在"底纹列表"下拉选项栏中选择"杂色混合"选项，其他参数使用默认设置，如图 25-3 所示。

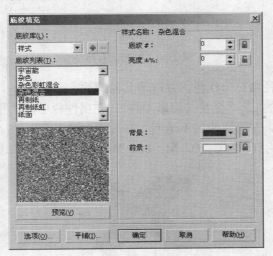

图 25-3　"底纹填充"对话框

5 单击"底纹填充"对话框中的"确定"按钮，退出"底纹填充"对话框。填充后的图形效果如图 25-4 所示。

图 25-4 填充后的图形效果

6 选择工具箱中的 "交互式透明工具"，在属性栏中的"透明度类型"下拉选项栏中选择"射线"选项，在"透明中心点"参数栏中键入 80，调整图形后的效果如图 25-5 所示。

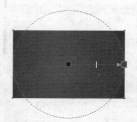

图 25-5 设置图形后的效果

7 选择工具箱中的 "钢笔工具"，在绘图页面外部绘制一个闭合路径，如图 25-6 所示。

为了便于编辑，读者可以先将一部分图形在绘图页面外部进行编辑，然后将编辑后的图形移动至绘图页面内。

提示

图 25-6 绘制闭合路径

8 将新绘制的路径填充为红色，并取消其轮廓线。

9 选择工具箱中的 "交互式阴影工具"，在属性栏中的"预设列表"下拉选项栏中选择"小型辉光"选项，在"阴影的不透明"参数栏中键入 90，在"阴影羽化"参数栏中键入 2，将阴影颜色设置为红色（C：0、M：80、Y：96、K：0），如图 25-7 所示。

图 25-7 设置图形阴影效果

10 在阴影图形上右击鼠标,在弹出的快捷菜单中选择"打散阴影群组"选项,打散阴影。

11 将打散的阴影图形移动至绘图页面内,参照图25-8所示调整阴影图形的大小和位置。

图 25-8　调整图形的大小和位置

12 单击绘图页面外部的图形,选择工具箱中的 ▭ "交互式阴影工具",在属性栏中的"预设列表"下拉选项栏中选择"小型辉光"选项,在"阴影的不透明"参数栏中键入80,在"阴影羽化"参数栏中键入10,将阴影颜色设置为橘红色(C:1、M:51、Y:95、K:0)。

13 在阴影图形上右击鼠标,在弹出的快捷菜单中选择"打散阴影群组"选项,打散阴影。

14 将打散的阴影图形移动至绘图页面内,参照图25-9所示调整阴影图形的大小和位置。

图 25-9　调整图形的大小和位置

15 将阴影图形原地复制,将复制后的阴影图形填充为深黄色(C:0、M:20、Y:100、K:0),参照图25-10所示调整阴影图形的大小和位置。

图 25-10　调整图形大小和位置

16 再次复制阴影图形,将复制后的阴影图形填充为黄色(C:0、M:0、Y:100、K:0),参照图25-11所示调整阴影图形的大小和位置。

图 25-11　调整图形的大小和位置

17 选择绘图页面外部的图形，执行菜单栏中的"排列"/"顺序"/"向后一层"命令，将该图形移动至绘图页面内，参照图 25-12 所示调整图形的大小、形态和位置。

图 25-12　调整图形的大小、形态和位置

18 选择工具箱中的 字 "文本工具"，在绘图页面内单击确定文字的位置，在属性栏中的"字体列表"下拉选项栏中选择"方正大黑繁体"选项，在"从上部的顶部到下部的底部的高度"参数栏中键入 200，在如图 25-13 所示的位置键入"X"文本。

图 25-13　键入文本

19 确定新键入的文本处于选择状态，在工具箱中单击 "填充"下拉按钮，在弹出的下拉按钮中选择"渐变填充"选项，打开"渐变填充"对话框。在"类型"下拉选项栏中选择"线性"选项，在"选项"选组内的"角度"参数栏中键入 42.0，在"边界"参数栏中键入 15，在"颜色调和"选项组中选择"自定义"单选按钮，这时可以自定义设置渐变颜色，参照图 25-14 所示设置渐变色由白色、浅灰色（C：13、M：10、Y：10、K：0）、白色、灰色（C：47、M：38、Y：38、K：0）和白色组成。

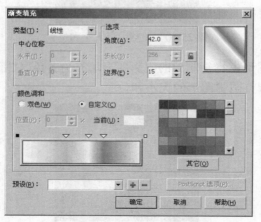

图 25-14　"渐变填充"对话框

20 单击"渐变填充"对话框中的"确定"按钮，退出"渐变填充"对话框，填充后的文本效果如图 25-15 所示。

21 将文本原地复制，在属性栏中单击 ▣▣ "水平镜像"按钮，将文本水平镜像，参照图 25-16 所示调整文本的大小和位置。

图 25-15　填充后的文本效果

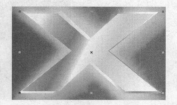

图 25-16　调整文本大小和位置

22 将水平镜像后的文本进行原地复制，将复制的文本填充为由灰色（C：47、M：38、Y：38、K：2）、白色、灰色（C：60、M：49、Y：49、K：5）、白色和灰色（C：47、M：38、Y：38、K：2）组成的线性渐变色，如图 25-17 所示。

23 将填充后的文本进行原地复制，适当缩小文本。选择工具箱中的 ▨ "交互式立体化工具"，参照图 25-18 所示设置文本的交互式立体化效果。

图 25-17　填充文本

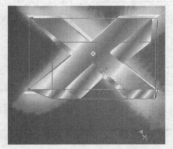

图 25-18　设置文本立体化效果图

24 选择工具箱中的 字 "文本工具"，在圆形上单击确定文字的位置，在属性栏中的"字体列表"下拉式选项栏中选择 Arial Black 选项，在"从上部的顶部到下部的底部的高度"参数栏中键入 18，参照图 25-19 所示键入"TOL BLEIGSD LP OFXOOY"文本。

25 确定新键入的文本处于选择状态，将其填充为由灰色（C：47、M：38、Y：38、K：2）、白色、灰色（C：60、M：49、Y：49、K：5）、白色和灰色（C：47、M：38、Y：38、K：2）组成的线性渐变色，如图 25-20 所示。

图 25-19　键入文本

图 25-20　填充文本

26 现在本实例的制作就全部完成了，完成后的效果如图 25-21 所示。如果读者在制作过程中遇到了什么问题，可以打开本书附带光盘中的"电影海报/实例 25：绘制火焰效果文字/绘制火焰效果文字.cdr"文件，这是本实例完成后的文件。

图 25-21　完成后的效果

实例 26　绘制美食情缘电影海报

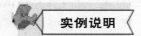　在本实例中，将指导读者绘制美食情缘电影海报，在绘制过程中，导入了位图作为主体图案。通过本实例的学习，使读者了解在 CorelDRAW X4 中裁剪工具、鱼眼工具和如何沿路径添加文本的使用方法。

　在本实例中，首先导入背景素材，使用裁剪工具裁剪图像，使用钢笔工具绘制路径，并沿路径添加文本，使用鱼眼工具设置文本鱼眼效果，完成本实例的制作。完成后的效果如图 26-1 所示。

图 26-1　美食情缘电影海报

1 　运行 CorelDRAW X4，在运行界面上出现"快速入门"对话框。在该对话框中单击"新建空白文档"超链接，进入系统默认界面。

2 　选择工具箱中的 "矩形工具"，在绘图页面内绘制一个任意矩形，选择新绘制的图形，在属性栏中的 "对象大小"参数栏中键入 200，确定矩形的宽度，在 "对象大小"参数栏中键入 200，确定矩形的高度，在菜单栏中执行"排列"/"对齐与分布"/"在页面居中"命令，将矩形放置在页面中心位置。

3 　确定绘制的矩形处于被选择状态，将轮廓线设置为 20%的黑色。

4 　在工具箱中单击 "填充"下拉按钮，在弹出的下拉按钮中选择"图样填充"选项，打开"图样填充"对话框。选择如图 26-2 所示的填充样式，将"前部"颜色设置为淡粉色（C：2、M：21、Y：11、K：0），"后部"颜色设置为白色，在"宽度"参数栏中键入 5.0 mm，在"高度"参数栏中键入 5.0 mm，其他参数使用默认设置。

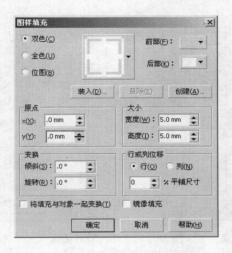

图 26-2　"图样填充"对话框

5 　单击"图样填充"对话框中的"确定"按钮，退出"图样填充"对话框，"图样填充"后的效果如图 26-3 所示。

6 　选择工具箱中的 "矩形工具"，在如图 26-4 所示的位置绘制一个矩形。

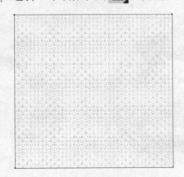

图 26-3　"图样填充"后的效果

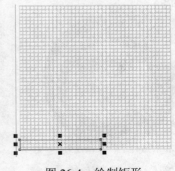

图 26-4　绘制矩形

7 　将该矩形填充为白色并取消其轮廓线。

8 　确定填充后的图形处于被选择状态，执行菜单栏中的"文件"/"导入"命令，导入

本书附带光盘中的"电影海报/实例 26：绘制美食情缘电影海报/盘子 01.psd"文件，如图 26-5
所示，单击"导入"按钮，退出该对话框。

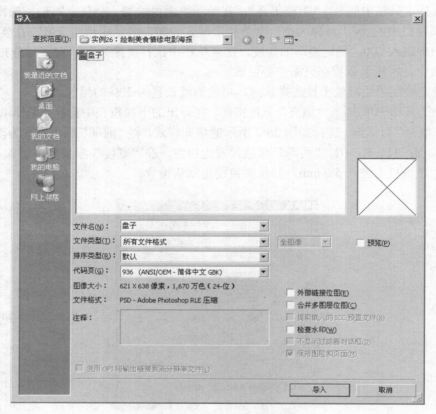

图 26-5 "导入"对话框

⑧ 参照图 26-6 所示调整图像在绘图页面内的位置。

⑩ 选择工具箱中的 📷 "裁剪工具"，参照图 26-7 所示的左图绘制裁剪区域，然后在裁
剪区域内双击鼠标，取消裁剪框，效果如图 26-7 右图所示。

图 26-6 调整图像位置   图 26-7 左图为绘制裁剪区域，右图为裁剪图像

⑪ 选择工具箱中的 ☐ "矩形工具"，在如图 26-8 所示的位置绘制一个矩形。

图 26-8　绘制矩形

12 在属性栏中激活 🔒 "全部圆角"按钮，将边角圆滑度均设置为 50，如图 26-9 所示。

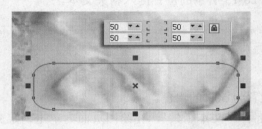

图 26-9　设置矩形边角圆滑度

13 将该矩形填充为白色并取消其轮廓线，选择工具箱中的 🍸 "交互式透明工具"，在属性栏中的"透明度类型"下拉选项栏中选择"标准"选项，在"开始透明度"参数栏中键入 20，参照图 26-10 所示调整图形的交互式透明效果。

图 26-10　设置图形透明效果

14 选择工具箱中的 ❑ "矩形工具"，在如图 26-11 所示的位置绘制一个矩形。

图 26-11　绘制矩形

⑮ 在属性栏中激活 🔒"全部圆角"按钮，将边角圆滑度均设置为50。

⑯ 将该矩形填充为白色并取消其轮廓线，选择工具箱中的 🖋"交互式透明工具"，在属性栏中的"透明度类型"下拉选项栏中选择"标准"选项，在"开始透明度"参数栏中键入20，参照图26-12所示调整图形的交互式透明效果。

图26-12 设置图形透明效果

⑰ 选择工具箱中的 字"文本工具"，在绘图页面内单击确定文字的位置，在属性栏中的"字体列表"下拉选项栏中选择"综艺体"选项，在"从上部的顶部到下部的底部的高度"参数栏中键入8，在如图26-13所示的位置键入相关文本。

图26-13 键入文本

⑱ 将键入的文本设置为50%的黑色。

⑲ 选择工具箱中的 字"文本工具"，在绘图页面内单击确定文字的位置，在属性栏中的"字体列表"下拉选项栏中选择"综艺体"选项，在"从上部的顶部到下部的底部的高度"参数栏中键入14，在如图26-14所示的位置键入"主演表："文本。

图26-14 键入文本

⑳ 选择工具箱中的 字"文本工具"，在绘图页面内单击确定文字的位置，在属性栏中的"字体列表"下拉选项栏中选择"Adobe 仿宋 Std R"选项，在"从上部的顶部到下部的底部的高度"参数栏中键入12，在如图26-15所示的位置键入相关文本。

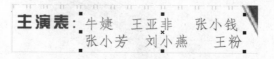

图26-15 键入文本

㉑ 使用以上文本设置，在如图26-16所示的位置键入"2009\04\29"文本。

㉒ 选择工具箱中的 ◯"椭圆形工具"，在如图26-17所示的位置绘制一个圆形。

图 26-16　键入文本

图 26-17　绘制圆形

23 选择工具箱中的 字 "文本工具"，在圆形上单击确定文字的位置，在属性栏中的"字体列表"下拉选项栏中选 Arial Black 选项，在"从上部的顶部到下部的底部的高度"参数栏中键入 24，参照图 26-18 所示键入"QINGYUAN LWGOJWOGJOWIJGOWIGJGJGUG"文本。

24 确定键入的文本处于输入状态，选择键入的"LWGOJWOGJOWIJGOWIGJGJGUG"文本，在属性栏中的"字体列表"下拉选项栏中选择 Bell Gothic Std Black 选项，在"从上部的顶部到下部的底部的高度"下拉选项栏中选择 8pt，如图 26-19 所示。

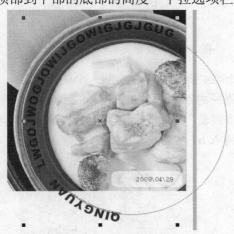

图 26-18　键入文本

图 26-19　设置文本属性

25 将文本设置为白色，并将圆形隐藏，如图 26-20 所示。

26 选择工具箱中的 ✍ "钢笔工具"，在如图 26-21 所示的位置绘制一个开放路径。

图 26-20　设置文本颜色并隐藏圆形

图 26-21　绘制开放路径

27　选择工具箱中的 字 "文本工具"，在圆形上单击确定文字的位置，在属性栏中的"字体列表"下拉选项栏中选择 Arial Black 选项，在"从上部的顶部到下部的底部的高度"参数栏中键入 24，参照图 26-22 所示键入相关文本。

28　将文本设置为白色，并取消路径轮廓线，如图 26-23 所示。

图 26-22　键入文本

图 26-23　设置文本颜色并隐藏路径

29　选择工具箱中的 ◇ "钢笔工具"，在如图 26-24 所示的位置绘制一个闭合路径。

30　选择工具箱中的 字 "文本工具"，在闭合路径内部边缘单击确定文字的位置，在路径内部出现一个不规则文本框，在属性栏中的"字体列表"下拉选项栏中选择"黑体"选项，在"从上部的顶部到下部的底部的高度"参数栏中键入 6，参照图 26-25 所示键入相关文本。

图 26-24　绘制路径

图 26-25　键入文本

31　将文本颜色设置为白色，并隐藏路径，如图 26-26 所示。

图 26-26 设置文本颜色并隐藏路径

32 选择不规则文本框，右击鼠标，在弹出的快捷菜单中选择"转换为曲线"选项，取消不规则文本框。

33 选择工具箱中的 字 "文本工具"，在绘图页面内单击确定文字的位置，在属性栏中的"字体列表"下拉选项栏中选择"方正大黑繁体"选项，在"从上部的顶部到下部的底部的高度"参数栏中键入 60，在如图 26-27 所示的位置键入"美食情缘"文本。

图 26-27 键入文本

34 将文本颜色设置为粉色（C：4、M：47、Y：7、D：0），将轮廓线颜色设置为黄色（C：0、M：0、Y：100、D：0）。

35 在状态栏中单击"轮廓颜色"按钮，打开"轮廓笔"对话框。在"宽度"下拉选项栏中选择 0.5 mm 选项，其他参数使用默认设置，如图 26-28 所示。

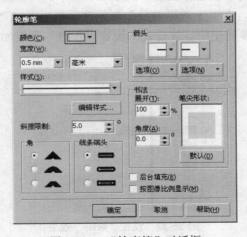

图 26-28 "轮廓笔"对话框

36 单击"轮廓笔"对话框中的"确定"按钮，退出"轮廓笔"对话框，设置轮廓线宽度后的效果如图 26-29 所示。

图 26-29 调整轮廓线宽度后的效果

37 选择工具箱中的**字**"文本工具"，在绘图页面内单击确定文字的位置，在属性栏中的"字体列表"下拉选项栏中选择"综艺体"选项，在"从上部的顶部到下部的底部的高度"参数栏中键入 20，激活**Ⅲ**"将文本更改为垂直方向"按钮，在如图 26-30 所示的位置键入"本片将在五一期间隆重推出"文本。

38 将文本颜色设置为红色（C：0、M：100、Y：100、K：0）。选择工具箱中的**▢**"矩形工具"，在如图 26-31 所示的位置绘制一个矩形。

图 26-30 键入文本

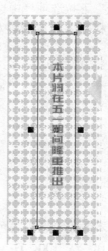

图 26-31 绘制矩形

39 确定绘制的矩形处于被选择状态，执行菜单栏中的"窗口"/"泊坞窗"/"透镜"命令，打开"透镜"泊坞窗，在"无透镜效果"下拉选项栏中选择"鱼眼"选项，在"比率"参数栏中键入 150，其他参数使用默认设置，设置"鱼眼"效果如图 26-32 所示。

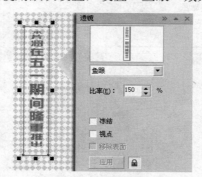

图 26-32 设置"鱼眼"效果

40 选择绘制的矩形，取消其轮廓线。

41 现在本实例的制作就全部完成了，完成后的效果如图 26-33 所示。如果读者在制作过程中遇到了什么问题，可以打开本书附带光盘中的"电影海报/实例 26：绘制美食情缘电影海报/绘制美食情缘电影海报.cdr"文件，这是本实例完成后的文件。

图 26-33　完成后的效果

实例 27　绘制动画片宣传海报

在本实例中，将指导读者绘制动画片宣传海报，该海报上具有多个由造型流线的条纹组成。通过本实例的学习，使读者了解艺术笔工具和各种修剪工具的使用方法，能够在绘制海报时导入外部的位图素材，以提高工作效率。

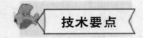

在本实例中，首先使用矩形工具和艺术笔工具绘制图形，通过相交工具编辑图形外形；通过文本工具添加宣传海报的主题；应用导入命令导入位图素材，为宣传海报添加装饰图案；最后应用星形工具绘制多个星形图形加以点缀，完成本实例的制作。完成后的效果如图 27-1 所示。

图 27-1　动画片宣传海报

1 运行 CorelDRAW X4，在运行界面上出现"快速入门"对话框。在该对话框中单击

"新建空白文档"超链接，进入系统默认界面。

[2] 选择工具箱中的 □ "矩形工具"，在绘图页面内绘制一个任意矩形，选择新绘制的图形，在属性栏中的 ↔ "对象大小"参数栏中键入 140，确定矩形的宽度，在 ↕ "对象大小"参数栏中键入 90，确定矩形的高度，调整后的矩形如图 27-2 所示。

[3] 选择工具箱中的 ✎ "艺术笔工具"，在属性栏中单击 ⋈ "预设"按钮，在"预设笔触列表"下拉选项栏中选择一种笔触，参照图 27-3 所示拖动鼠标直到出现满意的形状。

图 27-2　矩形图形

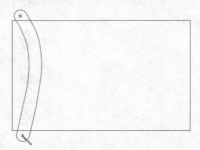

图 27-3　使用"艺术笔工具"绘制图形

[4] 接下来使用同样方法，选择其他预设线条形状，参照图 27-4 所示绘制线条。

[5] 在绘图页面内选择左侧图形，执行菜单栏中的"排列"/"打散艺术笔群组"命令，将其打散，然后选择打散后图形的路径，按下键盘上的 Delete 键，删除该路径，如图 27-5 所示。

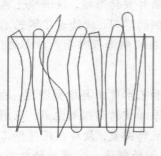

图 27-4　绘制线条

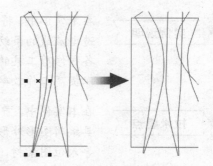

图 27-5　删除路径

[6] 接下来使用同样方法，分别将其他图形进行打散，并删除图形的路径。

[7] 在绘图页面内选择除矩形外的其他图形，执行菜单栏中的"排列"/"群组"命令，将所选线条进行群组，并将群组后的图形命名为"群组 01"。

[8] 分别复制"群组 01"和"矩形"，将复制后的图形放置原图形的右侧，并将复制后的"群组 01"命名为"群组 02"，将"矩形"命名为"矩形 02"。

[8] 框选"群组 01"和"矩形"，在属性栏中单击 ⊡ "相交"按钮，这时相交后的图形会生成新图形，然后将"群组 01"删除，如图 27-6 所示。

[10] 选择"矩形"，将其填充为绿色（C：8、M：2、Y：87、K：0），依次选择相交后的图形，分别将其填充为粉色（C：2、M：28、Y：14、K：0）、黄色（C：0、M：0、Y：100、K：0）、粉红色（C：3、M：42、Y：9、K：0）、粉色（C：2、M：28、Y：14、K：0）、黄色（C：3、M：3、Y：59、K：0）、橘黄色（C：2、M：27、Y：96、K：0）、黄色（C：0、

M：0、Y：100、K：0）和黄色（C：3、M：3、Y：59、K：0），并取消其轮廓线，如图 27-7
所示。

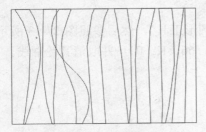

图 27-6　相交图形

图 27-7　填充图形

11 框选"群组 02"和"矩形 02"，在属性栏中单击 <kbd>⬒</kbd> "焊接"按钮，将所选图形进行
焊接，并生成"矩形 02"，焊接后的图形效果如图 27-8 所示。

12 在"对象管理器"泊坞窗中单击 <kbd>🖼</kbd> "新建图层"按钮，创建一个新图层—"图层 2"，
然后将"矩形 02"拖动至"图层 2"中。

13 将"矩形 02"填充为白色，取消其轮廓线，并参照图 27-9 所示调整该图形的大小和
位置。

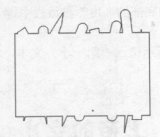

图 27-8　焊接图形后的效果

图 27-9　调整图形的大小和位置

14 确定"矩形 02"处于选择状态，选择工具箱中的 <kbd>▱</kbd> "交互式阴影工具"，在属性栏
中的"预设列表"下拉选项栏中选择"平面右下"选项，在"阴影的不透明"参数栏中键入
20，在"阴影羽化"参数栏中键入 10，并参照图 27-10 所示设置图形的交互式阴影效果。

15 将"矩形 02"进行复制，将复制后的图形命名为"矩形 02 副本"，然后取消其填充
颜色，将其轮廓线颜色设置为红色（C：0、M：100、Y：100、K：0），并参照图 27-11 所示
调整图形的大小和位置。

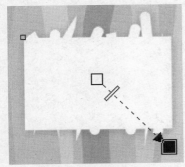

图 27-10　设置图形阴影效果

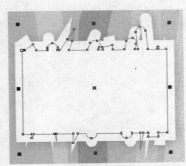

图 27-11　调整图形的大小和位置

⒃ 选择"矩形 02 副本"图形，选择工具箱中的 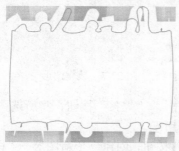"形状工具"框选图形的所有节点，在属性栏中依次单击 "转换直线为曲线"和 "平滑节点"按钮，使图形平滑节点，如图 27-12 所示。

⒄ 选择工具箱中的 □"矩形工具"和 ○"椭圆形工具"，然后参照图 27-13 所示绘制矩形和椭圆，将其填充为橘黄色（C：1、M：33、Y：66、K：0），并取消其轮廓线。

图 27-12　平滑节点

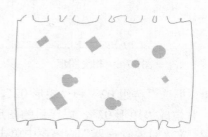

图 27-13　绘制矩形和椭圆形

⒅ 选择工具箱中的 字"文本工具"，在绘图页面内单击确定文字的位置，并键入"上帝的女儿"文本。选择该文本，在属性栏中的"字体列表"下拉选项栏中选择"方正剪纸简体"选项，确定字体的类型。在"从上部的顶部到下部的底部的高度"参数栏中键入 22，确定字体大小，放置于如图 27-14 所示的位置。

⒆ 再次使用 字"文本工具"，然后参照图 27-15 所示键入"第一季"文本，将字体设置为"标粗宋体"，设置字体大小为 13 pt。

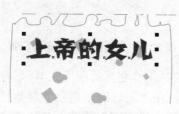

图 27-14　键入文本

图 27-15　键入文本

⒇ 框选"图层 2"中的所有图形，然后参照图 27-16 所示旋转图形。

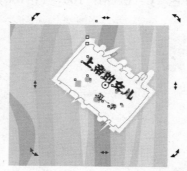

图 27-16　旋转图形

(21) 执行菜单栏中的"文件"/"导入"命令，打开"导入"对话框。在该对话框中选择本书附带光盘中的"电影海报/实例 27：绘制动画片宣传海报/素材图像.psd"文件。

22 将"素材图像.psd"图像移动至如图 27-17 所示的位置。

23 选择工具箱中的 [图标] "星形工具"，然后参照图 27-18 所示绘制一个星形。

图 27-17　调整图形的位置

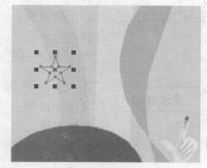

图 27-18　绘制星形

24 选择新绘制的星形，将其填充为白色，并取消其轮廓线，如图 27-19 所示。

25 将新绘制的星形进行多次复制，并参照图 27-20 所示调整各副本图形的大小和位置。

图 27-19　填充图形并取消其轮廓线

图 27-20　调整各副本图形的大小和位置

26 现在本实例的制作就全部完成了，完成后的效果如图 27-21 所示。如果读者在制作过程中遇到了什么问题，可以打开本书附带光盘中的"电影海报/实例 27：绘制动画片宣传海报/绘制动画片宣传海报.cdr"文件，这是本实例完成后的文件。

图 27-21　完成后的效果

实例 28　绘制武打片电影海报

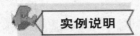

在本实例中，将指导读者绘制武打片电影海报，该海报以人物剪影作为主体图案，整体极具动感，使用黑色和红色作为主色调，具有很强的视觉冲击力。通过本实例的学习，使读者了解在 CorelDRAW X4 中亮度/对比度/强度工具、卷页工具和交互式变形工具的使用方法。

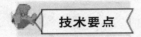

在本实例中，首先使用钢笔工具绘制闭合路径，然后使用底纹填充工具填充图形，将图形转换为位图，使用卷页工具添加卷页效果，导入素材图像，使用亮度/对比度/强度工具调整图像亮度，最后使用文本工具添加文本，并设置文本的轮廓和变形效果，完成本实例的制作。完成后的效果如图 28-1 所示。

图 28-1　武打片电影海报

    1　运行 CorelDRAW X4，在运行界面上出现"快速入门"对话框。在该对话框中单击"新建空白文档"超链接，进入系统默认界面。

    2　选择工具箱中的 ☐ "矩形工具"，在绘图页面内绘制一个任意矩形，选择新绘制的图形，在属性栏中的 ↔ "对象大小"参数栏中键入 200，确定矩形的宽度，在 ↕ "对象大小"参数栏中键入 270，确定矩形的高度，在菜单栏中执行"排列"/"对齐与分布"/"在页面居中"命令，将矩形放置在页面中心位置。

    3　确定绘制的矩形处于选择状态，将矩形填充为白色。

    4　选择工具箱中的 ☐ "交互式阴影工具"，在属性栏中的"预设列表"下拉选项栏中选择"中等辉光"选顶，在"阴影的不透明"参数栏中键入 20，在"阴影羽化"参数栏中键入 5，将阴影颜色设置为黑色，如图 28-2 所示。

5 选择工具箱中的 🔥 "钢笔工具"，然后参照图 28-3 所示绘制一个闭合路径。

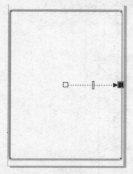

图 28-2　设置图形效果

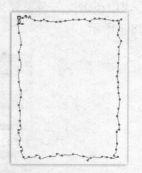

图 28-3　绘制闭合路径

6 将绘制的闭合路径填充为白色，按下键盘上的 Ctrl+C 组合键，复制图形。按下键盘上的 Ctrl+V 组合键两次，粘贴图形，将复制的其中一个图形拖动至绘图页面外部，以便在后面的操作中使用。

7 选择绘图页面内复制后的图形，将其填充为红色并取消其轮廓线，按住键盘上的 Shift 键，参照图 28-4 所示将图形适当缩小。

8 选择工具箱中的 🔃 "交互式调和工具"，然后参照图 28-5 所示调和图形。

图 28-4　调整图形大小

图 28-5　调和图形

9 选择绘图页面外部的图形，将其移动至如图 28-6 所示的位置并沿中心缩小图形。

图 28-6　调整图形大小

⑩ 在工具箱中单击 "填充"下拉按钮，在弹出的下拉按钮中选择"底纹填充"选项，打开"底纹填充"对话框。在"底纹库"下拉选顶栏中选择"样本8"选项，在"底纹列表"下拉选项栏中选择"麻绳"选项，在"样式名称：3 色皮革"选项组中将"色调"颜色设置为黑色，将"中色调"颜色设置为红色，将"亮度"颜色设置为红色，其他参数使用默认设置，如图 28-7 所示。

图 28-7　"底纹填充"对话框

⑪ 单击"底纹填充"对话框中的"确定"按钮，退出"底纹填充"对话框，填充后的图形效果如图 28-8 所示。

⑫ 选择"底纹填充"后的图形，按下键盘上的 Ctrl+C 组合键，复制图形，按下键盘上的 Ctrl+V 组合键，粘贴图形，将粘贴后的图形填充为红色。

⑬ 选择工具箱中的 "交互式透明工具"，然后参照图 28-9 所示调整图形的交互式透明效果。

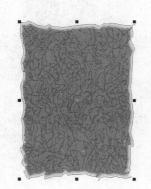

图 28-8　填充后的图形效果

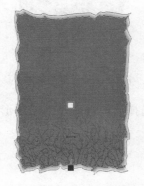

图 28-9　设置图形透明效果

⑭ 取消全部图形的轮廓线，接下来执行菜单栏中的"文件"/"导入"命令，导入本书附带光盘中的"电影海报/实例 28：绘制武打片电影海报/艺术画.psd"文件，如图 28-10 所示。单击"导入"按钮，退出该对话框。

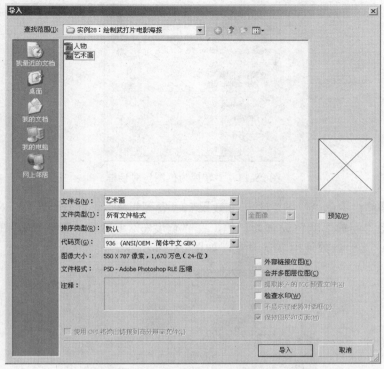

图 28-10 "导入"对话框

⒂ 参照图 28-11 所示调整图像在绘图页面内的大小和位置。

⒃ 选择工具箱中的 "交互式透明工具"，在属性栏中的 "透明度类型" 下拉选项栏中选择 "标准" 选项，在 "透明度操作" 下拉选项栏中选择 "添加" 选项，在 "开始透明度" 参数栏中键入 0，参照图 28-12 所示调整图像的交互式透明效果。

图 28-11 调整图像的大小和位置

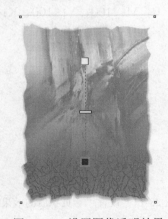

图 28-12 设置图像透明效果

⒄ 按下键盘上的 Ctrl+A 组合键，选择绘图页面内的全部内容，执行菜单栏中的 "位图" / "转换为位图" 命令，打开 "转换为位图" 对话框，选择 "选项" 选项组中的 "透明背景" 复选框，其他参数使用默认设置，如图 28-13 所示。单击 "确定" 按钮，退出该对话框。

图 28-13　"转换为位图"对话框

18　执行菜单栏中的"位图" / "三维效果" / "卷页"命令，打开"卷页"对话框，在"颜色"选项组中将"卷曲"颜色设置为白色，在"宽度%"参数栏中键入 60，在"高度%"参数栏中键入 20，其他参数使用默认设置，如图 28-14 所示。

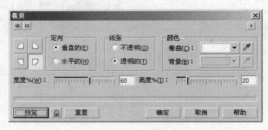

图 28-14　"卷页"对话框

19　单击"卷页"对话框中的"确定"按钮，退出"卷页"对话框。设置"卷页"后的效果如图 28-15 所示。

20　选择工具箱中的 □ "矩形工具"，在绘图页面顶部绘制一个矩形，将该矩形填充为红色（C：0、M：100、Y：100、K：0）并取消其轮廓线，如图 28-16 所示。

图 28-15　设置"卷页"后的效果

图 28-16　绘制矩形

21　选择工具箱中的 ￼ "交互式透明工具"，参照图 28-17 所示调整图形的交互式透明效果。

22　导入本书附带光盘中的"电影海报/实例 28：绘制武打片电影海报/人物.psd"文件，参照图 28-18 所示调整图像的位置。

图 28-17 设置图形透明效果

图 28-18 调整图像位置

23 按下键盘上的 Ctrl+C 组合键，复制图像；按下键盘上的 Ctrl+V 组合键，将图像粘贴至原位置。

24 执行菜单栏中的"效果"/"调整"/"亮度/对比度/强度"命令，打开"亮度/对比度/强度"对话框。在"亮度"参数栏中键入–100，其他参数使用默认设置，如图 28-19 所示，单击"确定"按钮，退出该对话框。

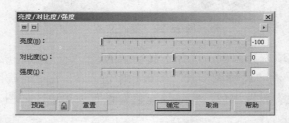

图 28-19 "亮度/对比度/强度"对话框

25 参照图 28-20 所示，调整图像位置。

图 28-20 调整图像位置

26 选择工具箱中的 **字**"文本工具"，在绘图页面内单击确定文字的位置，在属性栏中的"字体列表"下拉选项栏中选择"综艺体"选项，在"从上部的顶部到下部的底部的高度"参数栏中键入 18，在如图 28-21 所示的位置键入相关文本。

图 28-21　键入文本

27　使用以上文本设置，将文本大小设置为 10 pt，在如图 28-22 所示的位置键入相关文本。

图 28-22　键入文本

28　将键入的文本填充为白色，选择工具箱中的 回 "交互式轮廓图工具"，在属性栏中单击 图 "向外"按钮，在"轮廓图步长"参数栏中键入 1，在"轮廓图偏移"参数栏中键入 0.3 mm，将"轮廓颜色"设置黑色，将"填充色"设置为黑色，如图 28-23 所示。

图 28-23　设置文本的交互式轮廓效果

29　选择工具箱中的 字 "文本工具"，在绘图页面内单击确定文字的位置，在属性栏中的"字体列表"下拉选项栏中选择"隶书繁体"选项，在"从上部的顶部到下部的底部的高度"参数栏中键入 150，在如图 28-24 所示的位置键入"武"文本。

图 28-24　键入文本

30 将文本填充为白色，并参照图 28-25 所示调整文本位置和形态。

图 28.25　调整文本位置和形态

31 选择工具箱中的 **字** "文本工具"，在绘图页面内单击确定文字的位置，在属性栏中的"字体列表"下拉选项栏中选择"隶书繁体"选项，在"从上部的顶部到下部的底部的高度"参数栏中键入 85，在如图 28-26 所示的位置键入"武斗魂"文本。

图 28-26　键入文本

32 将文本填充为白色并将轮廓线设置为红色（C：0、M：100、Y：100、K：0）。

33 选择工具箱中的 "交互式变形工具"，在属性栏中的"预设列表"下拉式选项内选择"推拉 1"选项，在"推拉失真振幅"参数栏中键入 5，如图 28-27 所示

34 选择工具箱中的 **字** "文本工具"，在绘图页面内单击确定文字的位置，在属性栏中的"字体列表"下拉选项栏中选择"隶书繁体"选项，在"从上部的顶部到下部的底部的高度"参数栏中键入 18，在如图 28-28 所示的位置键入"新片即将上映"文本。

图 28-27　设置文本变形

图 28-28　键入文本

35 现在本实例的制作就全部完成了，完成后的效果如图 28-29 所示。如果读者在制作过程中遇到了什么问题，可以打开本书附带光盘中的"电影海报/实例 28：绘制武打片电影海报/绘制武打片电影海报.cdr"文件，这是本实例完成后的文件。

图 28-29　完成后的效果

实例 29　绘制科幻片电影海报（背景）

在本实例和实例 30 中，将指导读者绘制科幻片海报。本实例将绘制海报的背景部分，背景以多幅图形和图像相互叠加和融合，来实现更为丰富的层次感。通过本实例的学习，使读者在 CorelDRAW X4 中加强对钢笔工具和交互式轮廓图工具的使用。

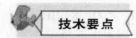

在本实例中，首先使用矩形工具绘制矩形，使用渐变填充工具填充矩形，然后导入素材图像，使用交互式透明工具设置图像透明效果，使用钢笔工具绘制闭合路径，并填充路径颜色，最后使用文本工具添加文本，完成本实例的制作。完成后的效果如图 29-1 所示。

图 29-1　科幻片电影海报背景

1 运行 CorelDRAW X4，在运行界面上出现"快速入门"对话框。在该对话框中单击"新建空白文档"超链接，进入系统默认界面。

2 在属性栏中单击 □ "横向"按钮，将页面布局设置为横向。

3 选择工具箱中的 □ "矩形工具"，在绘图页面内绘制一个任意矩形，选择新绘制的图形，在属性栏中的 ↔ "对象大小"参数栏中键入 280，确定矩形的宽度，在 ↕ "对象大小"参数栏中键入 200，确定矩形的高度，在菜单栏中执行"排列" / "对齐与分布" / "在页面居中"命令，将矩形放置在页面中心位置。

　　4 确定绘制的矩形处于选择状态，在工具箱中单击 ◇ "填充"下拉按钮，在弹出的下拉按钮中选择"渐变填充"选项，打开"渐变填充"对话框。在"类型"下拉选项栏中选择"射线"选项，在"颜色调和"选项组中选择"自定义"单选按钮，这时可以自定义设置渐变颜色，参照图 29-2 所示设置渐变色由深红色（C：35、M：100、Y：98、K：1）、红色（C：9、M：99、Y：95、K：0）、红色（C：0、M：80、Y：96、K：0）、橘红色（C：0、M：60、Y：96、K：0）、黄色（C：2、M：22、Y：96、K：0）组成。

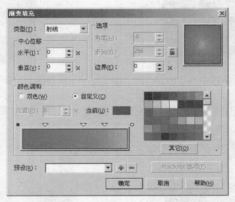

图 29-2　"渐变填充"对话框

　　5 执行菜单栏中的"文件" / "导入"命令，导入本书附带光盘中的"电影海报/实例 29~30：绘制科幻片电影海报/素材 01..jpg"文件，如图 29-3 所示，单击"导入"按钮，退出该对话框。

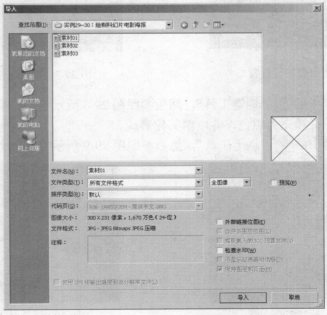

图 29-3　"导入"对话框

⑥ 在绘图页面内单击鼠标，将导入的"素材 01.jpg"图像移动至如图 29-4 所示的位置。

⑦ 选择工具箱中的 "交互式透明工具"，然后参照图 29-5 所示调整图像的交互式透明效果。

图 29-4　移动图像位置

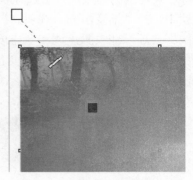

图 29-5　设置图像透明效果

⑧ 导入本书附带光盘中的"实例 29~30：绘制科幻片电影海报/素材 02.jpg"文件，参照图 29-6 所示调整图像的位置。

⑨ 选择工具箱中的 "交互式透明工具"，然后参照图 29-7 所示调整图像的交互式透明效果。

图 29-6　调整图像位置

图 29-7　设置图像透明效果

⑩ 选择工具箱中的 "钢笔工具"，然后参照图 29-8 所示绘制一个闭合路径。

⑪ 将绘制的路径填充为黑色，并取消其轮廓线。

⑫ 选择工具箱中的 "钢笔工具"，然后参照图 29-9 所示绘制一个闭合路径。

图 29-8　绘制闭合路径

图 29-9　绘制闭合路径

13 将绘制的路径填充为深黄色（C：0、M：20、Y：100、K：0），并取消其轮廓线。

14 选择工具箱中的 "钢笔工具"，在绘图页中心位置绘制一个闭合路径，将该路径填充为黑色，并取消其轮廓线，如图 29-10 所示。

提示：为了使读者能看清楚绘制的闭合路径轮廓，路径中填充的颜色将以白色显示。

15 选择工具箱中的 ⬭ "椭圆形工具"，在如图 29-11 所示的位置绘制一个正圆形。

图 29-10　填充路径并取消其轮廓线

图 29-11　绘制正圆形

16 将绘制的正圆形填充为深黄色（C：0、M：20、Y：100、K：0），并取消其轮廓线。

17 选择工具箱中的 ▣ "交互式轮廓图工具"，在属性栏中单击 ▣ "向外"按钮，在"轮廓图步长"参数栏中键入 1，在"轮廓图偏移"参数栏中键入 2，将"轮廓颜色"设置为黑色，将"填充色"设置为黑色，如图 29-12 所示。

18 依照上述方法，绘制其他圆形并设置图形的交互式轮廓效果，如图 29-13 所示。

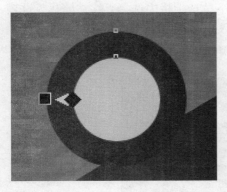

图 29-12　设置图形的交互式轮廓效果

图 29-13　绘制其他图形

19 选择工具箱中的 ☐ "矩形工具"，在如图 29-14 所示的位置绘制一个矩形。

20 确定绘制的矩形处于被选择状态，然后参照图 29-15 所示设置填充颜色为黑色到 90% 黑色的线性渐变，并取消图形轮廓线。

图 29-14　绘制矩形

图 29-15　填充图形并取消其轮廓线

21　选择工具箱中的 □ "矩形工具"，在如图 29-16 所示的位置绘制一个矩形。

22　确定绘制的矩形处于被选择状态，将其填充为由黑色到 70%黑色的线性渐变，并取消其轮廓线，如图 29-17 所示。

图 29-16　绘制矩形

图 29-17　填充图形并取消其轮廓线

23　选择工具箱中的 字 "文本工具"，在绘图页面内单击确定文字的位置，在属性栏中的"旋转角度"参数栏中键入 30，在"字体列表"下拉选项栏中选择"综艺繁体"选项，在"从上部的顶部到下部的底部的高度"参数栏中键入 30，在如图 29-18 所示的位置键入"公元前三部曲"文本。

图 29-18　键入文本

24　选择工具箱中的 字 "文本工具"，在绘图页面内单击确定文字的位置，在属性栏中的"旋转角度"参数栏中键入 30，在"字体列表"下拉选项栏中选择 Poplar Std 选项，在"从上部的顶部到下部的底部的高度"参数栏中键入 24，在如图 29-19 所示的位置键入"GONG YUAN QAN SAN BU QU"文本。

图 29-19 键入文本

25 将文本颜色设置为红色（C：0、M：100、Y：100、K：0）。

26 现在本实例的制作就全部完成了，完成后的效果如图 29-20 所示。将本实例保存，以便在实例 30 中使用。

图 29-20 完成后的效果

实例 30 绘制科幻片电影海报（前景）

在本实例中，将指导读者绘制科幻片电影海报前景部分，为了使海报具有更好的视觉效果，使用了导入的位图作为主体图案。通过本实例的学习，使读者了解在 CorelDRAW X4 中图样填充工具和放置在容器中工具的使用。

在本实例中，首先使用矩形工具绘制矩形，使用图样填充工具填充矩形，然后导入素材图像，使用放置在容器中工具将图像置入绘制的矩形中，最后使用文本工具添加文本，完成本实例的制作。完成后的效果如图 30-1 所示。

图 30-1　科幻片电影海报

1 打开实例 29 中保存的文件。选择工具箱中的 □ "矩形工具"，在如图 30-2 所示的位置绘制 5 个大小不等的矩形。

为了使读者能看清绘制的矩形轮廓，矩形轮廓将以白色显示。

提示

图 30-2　绘制矩形

2 选择绘制的第 2 个和第 4 个矩形，将其填充为 70% 的黑色，选择绘制的第 3 个矩形，将其填充为橘红色（C：0、M：60、Y：100、K：0），选择绘制的第 5 个矩形，将其填充为 10% 的黑色，取消填充后的矩形轮廓线，如图 30-3 所示。

图 30-3　填充图形并取消其轮廓线

3 　选择绘制的第 1 个矩形，将其转换为曲线。选择工具箱中的 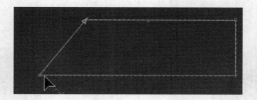 "形状工具"，参照图 30-4 所示调整图形形态。

图 30-4　调整图形形态

4 　在工具箱中单击 "填充"下拉按钮，在弹出的下拉按钮中选择"图样填充"选项，打开"图样填充"对话框，选择如图 30-5 所示的填充样式，将"前部"颜色设置 50%的黑色，将"后部"颜色设置为 90%的黑色，在"宽度"参数栏中键入 20.0 mm，在"高度"参数栏中键入 20.0 mm，在"变换"选项组中的"倾斜"参数栏中键入-45.0º，其他参数使用默认设置。

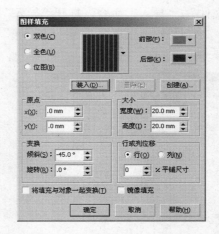

图 30-5　"图样填充"对话框

5 　单击"图样填充"对话框中的"确定"按钮，退出"图样填充"对话框。"图样填充"后的效果如图 30-6 所示。

6 　确定填充后的图形处于可选择状态，按下键盘上的 **Ctrl+D** 组合键，将该图形进行复制，参照图 30-7 所示调整图形的大小和位置。

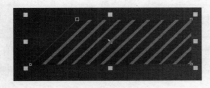

图 30-6　"图样填充"后的效果

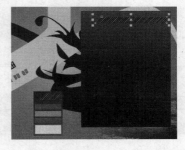

图 30-7　调整图形的大小和位置

[7] 选择工具箱中的 □ "矩形工具"，在如图 30-8 所示的位置绘制一个矩形。

[8] 将新绘制的矩形填充为黑色，取消其轮廓线。

[9] 选择工具箱中的 □ "矩形工具"，在如图 30-9 所示的位置绘制一个矩形，将该图形轮廓线设置为白色。

图 30-8　绘制矩形

图 30-9　绘制矩形并设置轮廓线颜色

[10] 执行菜单栏中的"文件"/"导入"命令，打开"导入"对话框。导入本书附带光盘中的"电影海报/实例 29~30：绘制科幻片电影海报/素材 03.jpg"文件，如图 30-10 所示，单击"导入"按钮，退出该对话框。

图 30-10　"导入"对话框

[11] 在绘图页面单击鼠标，导入素材图像。确定图像处于选择状态，执行菜单栏中的"效果"/"图框像精确剪裁"/"放置在容器中"命令，参照图 30-11 所示将图像置于新绘制的矩形中。

[12] 选择工具箱中的 ◊ "钢笔工具"，在如图 30-12 所示的位置绘制一个闭合路径。

图 30-11　将图像置于矩形中

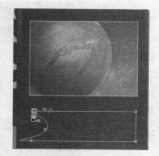

图 30-12　绘制闭合路径

13　将新绘制的路径填充为 70%的黑色，并取消其轮廓线。

14　选择工具箱中的 "交互式透明工具"，参照图 30-13 所示调整图形的交互式透明效果。

15　选择工具箱中的 □ "矩形工具"，在绘图页面内绘制 3 个矩形图形，将其填充为白色，并取消其轮廓线，如图 30-14 所示。

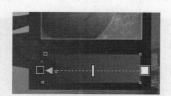

图 30-13　设置图形透明效果

图 30-14　填充图形并取消其轮廓线

16　选择工具箱中的 "箭头形状" 工具，单击属性栏中的 "完美形状" 下拉按钮，在打开的完美形状面板中选择 图形，在如图 30-15 所示的位置绘制图形。

17　将绘制的图形填充为白色并取消其轮廓线。确定图形处于被选择状态，按下键盘上的 Ctrl+D 组合键，复制图形。

18　选择复制后的图形，在属性栏中的 "旋转角度" 参数栏中键入 180，参照图 30-16 所示调整图形位置。

图 30-15　绘制图形

图 30-16　调整图形位置

19　选择工具箱中的 □ "矩形工具"，在如图 30-17 所示的位置绘制一个矩形。

20　将新绘制的矩形填充为黄色（C：0、M：0、Y：100、K：0），并取消其轮廓线。

图 30-17　绘制矩形

21 按下键盘上的 **Ctrl+C** 组合键，复制图形；按下键盘上的 **Ctrl+V** 组合键，将图形粘贴至原位置。

22 将复制后的图形填充为 30%的黑色，并参照图 30-18 所示调整图形大小。

图 30-18　调整图形大小

23 选择工具箱中的 □ "矩形工具"，在如图 30-19 所示的位置绘制一个矩形。

图 30-19　绘制矩形

24 将新绘制的矩形填充为红色（C：0、M：100、Y：100、K：0），并取消其轮廓线。

25 选择工具箱中的 ✎ "贝塞尔工具"，在如图 30-20 所示的位置绘制一个闭合路径。

26 将新绘制的路径填充为黑色，并取消其轮廓线。

27 选择工具箱中的 ○ "椭圆形工具"，在如图 30-21 所示的位置绘制一个正圆形。

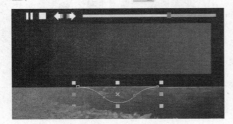

图 30-20　绘制闭合路径

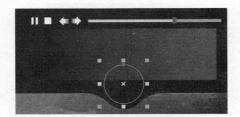

图 30-21　绘制图形

28 确定绘制的正圆形处于选择状态，选择工具箱中的 ◆ "交互式填充工具"，参照图 30-22 所示设置填充颜色为红色（C：0、M：98、Y：96、K：0）到橘红色（C：1、M：51、Y：95、K：0）的射线渐变，并取消其轮廓线。

28 选择工具箱中的 ○ "椭圆形工具"，在如图 30-23 所示的位置绘制一个较小的正圆形。

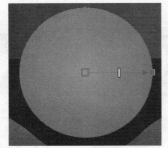

图 30-22　填充图形并取消其轮廓线

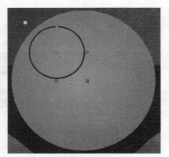

图 30-23　绘制图形

30 将新绘制的较小正圆图形填充为白色,并取消其轮廓线。

31 选择工具箱中的 ⚲ "交互式透明工具",参照图 30-24 所示调整图形的交互式透明效果。

32 选择工具箱中的 ⚎ "交互式调和工具",单击新绘制的较小的正圆形,然后拖动至圆形上,使两个图形进行调和,如图 30-25 所示。

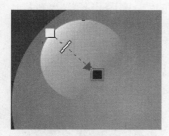
图 30-24 设置图形透明效果

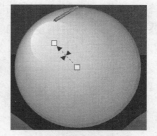
图 30-25 设置图形调和效果

33 选择工具箱中的 字 "文本工具",在绘图页面内单击确定文字的位置,在属性栏中的 "字体列表" 下拉选项栏中选择 Cooper Std Black 选项,在 "从上部的顶部到下部的底部的高度" 参数栏中键入 36,在如图 30-26 所示的位置键入 "M" 文本。

图 30-26 键入文本

34 将新键入的文本设置为白色,并将轮廓线设置为 80% 的黑色。

35 选择工具箱中的 字 "文本工具",在绘图页面内单击确定文字的位置,在属性栏中的 "字体列表" 下拉选项栏中选择 "综艺繁体" 选项,在 "从上部的顶部到下部的底部的高度" 参数栏中键入 10,在如图 30-27 所示的位置分别键入 "公元前《第一部曲》"、"公元前《第二部曲》" 和 "公元前《第三部曲》" 文本。

36 参照图 30-28 所示将 "公元前《第一部曲》" 和 "公元前《第三部曲》" 文本设置为橘红色(C:0、M:60、Y:100、K:0),将 "公元前《第二部曲》" 文本设置为白色。

图 30-27 键入文本

图 30-28 设置文本颜色

37 选择工具箱中的 字 "文本工具"，在绘图页面内单击确定文字的位置，在属性栏中的 "旋转角度" 参数栏中键入 45，在 "字体列表" 下拉选项栏中选择 "综艺繁体" 选项，在 "从上部的顶部到下部的底部的高度" 参数栏中键入 24，在如图 30-29 所示的位置键入 "全集" 文本。

38 将新键入的文本设置为黄色（C：0、M：0、Y：100、K：0），选择工具箱中的 圆 "交互式轮廓图工具"，在属性栏中单击 图 "向外" 按钮，在 "轮廓图步长" 参数栏中键入 1，在 "轮廓图偏移" 参数栏中键入 1，将 "轮廓颜色" 设置黑色，将 "填充色" 设置为黑色，如图 30-30 所示。

图 30-29　键入文本　　　　　　　　　　　图 30-30　设置文本的交互式轮廓效果

39 使用以上设置，参照图 30-31 所示添加 "正在播放" 文本，并设置文本的交互式轮廓效果。

40 现在本实例的制作就全部完成了，完成后的效果如图 30-32 所示。如果读者在制作过程中遇到了什么问题，可以打开本书附带光盘中的 "电影海报/实例 29~30：绘制科幻片电影海报/绘制科幻片电影海报.cdr" 文件，这是本实例完成后的文件。

图 30-31　键入文本并设置文本的交互式轮廓效果　　　　图 30-32　完成后的效果

第4篇

工业造型

　　工业效果图具有很强的真实感，使用二维软件来表现三维质感，需要使用多层图形相互叠加和影响来实现，这时使用图层工具对图形进行管理。通过这部分实例，使读者了解使用图层工具完成复杂工作的方法，以及工业效果图的绘制方法。

实例 31　绘制蒸汽熨斗（绘制机身）

实例说明

在本实例和接下来的几个实例中，将指导读者绘制一个蒸汽熨斗。其中包括机身的绘制、按钮的绘制、底座和接线口的绘制以及细节和阴影的绘制。本实例中，将绘制蒸汽熨斗的机身部分。通过本实例的学习，使读者了解在 CorelDRAW X4 中贝塞尔工具、形状工具和渐变填充等工具的使用方法。

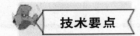
技术要点

在本实例中，首先使用贝塞尔工具和形状工具绘制蒸汽熨斗的主体轮廓，使用修剪工具修剪图形，使用渐变填充工具填充图形，使用交互式阴影工具设置阴影效果，然后使用交互式透明工具绘制高光效果，完成蒸汽熨斗机身的绘制。完成后的效果如图 31-1 所示。

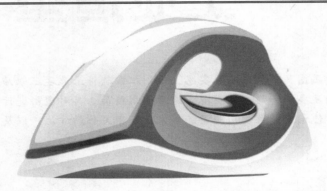

图 31-1　蒸汽熨斗的机身效果

1 运行 CorelDRAW X4，在运行界面上出现"快速入门"对话框。在该对话框中单击"新建空白文档"超链接，进入系统默认界面，在属性栏中单击 □ "横向"按钮，将页面布局设置为横向。

2 执行菜单栏中的"窗口"/"泊坞窗"/"对象管理器"命令，打开"对象管理器"泊坞窗，在"对象管理器"泊坞窗中单击 "新建图层"按钮，创建一个新图层——"图层 2"，将该图层命名为"机身"，如图 31-2 所示。

图 31-2　命名新图层

3 选择"机身"层，选择工具箱中的 ✎ "贝塞尔工具"，在如图 31-3 所示的位置绘制一个闭合路径。

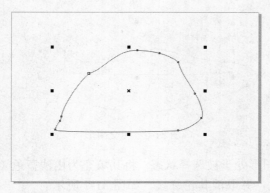

图 31-3　绘制路径

4 确定新绘制的闭合路径处于被选择状态，将该闭合路径填充为淡蓝色（C：3、M：1、Y：1、K：0），并取消其轮廓线，如图 31-4 所示。

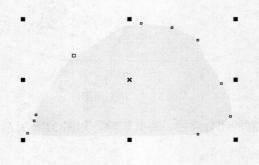

图 31-4　填充路径

5 选择工具箱中的 ✎ "贝塞尔工具"，在如图 31-5 所示的位置绘制一个闭合路径。

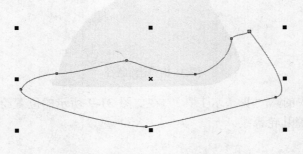

图 31-5　绘制路径

6 按下键盘上的 Ctrl+A 组合键，选择绘图页面内的全部图形，在属性栏中单击 🔳 "相交" 按钮，相交后的图形如图 31-6 所示。

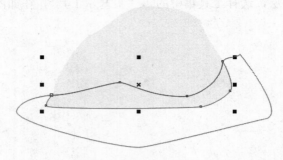

图 31-6　相交图形

7 确定相交后的图形处于被选择状态,将其填充为由浅蓝色(C:9、M:3、Y:5、K:0)到白色的线性渐变色,并取消其轮廓线,如图 31-7 所示。

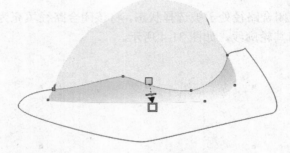

图 31-7　填充图形

8 选择步骤 5 中绘制的闭合路径,将其删除,如图 31-8 所示。

图 31-8　删除路径

8 选择工具箱中的 ✎ "贝塞尔工具",在如图 31-9 所示的位置绘制一个闭合路径,将其填充为白色,并取消其轮廓线。

提示

为了便于读者观察,为白色填充图形添加了黑色轮廓线,在接下来的叙述中将不再赘述。

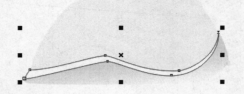

图 31-9　绘制路径

🔟　选择工具箱中的 "交互式透明工具"，在属性栏中的"透明度类型"下拉选项栏中选择"线性"选项，在"透明度操作"下拉选项栏中选择"正常"选项，然后参照图 31-10 所示调整图形的交互式透明效果。

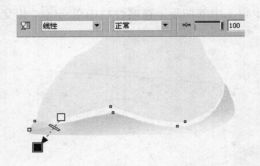

图 31-10　设置图形透明效果

⓫　选择工具箱中的 "贝塞尔工具"，在如图 31-11 所示的位置绘制一个闭合路径，将其填充为 60%的黑色，并取消其轮廓线。

图 31-11　绘制路径

⓬　选择工具箱中的 "交互式透明工具"，然后参照图 31-12 所示调整图形的交互式透明效果。

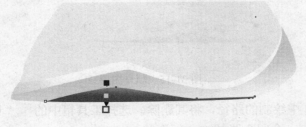

图 31-12　设置图形透明效果

[13] 选择工具箱中的 ![] "贝塞尔工具"，在如图 31-13 所示的位置绘制一个闭合路径。

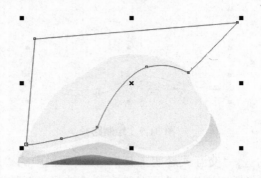

图 31-13　绘制路径

[14] 选择步骤 13 和步骤 3 中的图形，在属性栏中单击 ![] "相交"按钮，相交后的图形如图 31-14 所示。

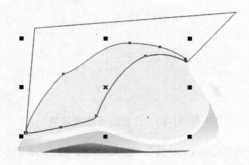

图 31-14　相交图形

[15] 确定相交后的图形处于被选择状态，将其填充为 20%的黑色，并取消其轮廓线，如图 31-15 所示。

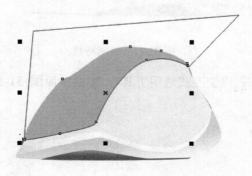

图 31-15　填充图形

[16] 选择步骤 13 中绘制的路径，将其删除。选择工具箱中的 ![] "贝塞尔工具"，在如图 31-16 所示的位置绘制一个闭合路径。

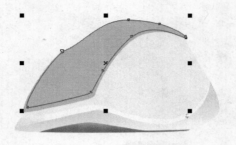

图 31-16　绘制路径

17 选择新绘制的闭合路径，将其填充为由白色、浅黄色（C：0、M：0、Y：0、K：10）、浅黄色（C：0、M：0、Y：0、K：10）和白色组成的线性渐变色，并取消其轮廓线，如图 31-17 所示。

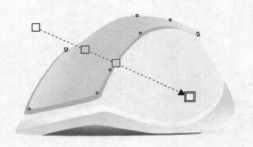

图 31-17　填充路径

18 选择工具箱中的 ⏃ "交互式透明工具"，然后参照图 31-18 所示调整图形的交互式透明效果。

19 选择工具箱中的 ⏃ "贝塞尔工具"，在如图 31-19 所示的位置绘制一个闭合路径，将其填充为白色，并取消其轮廓线。

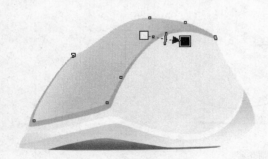

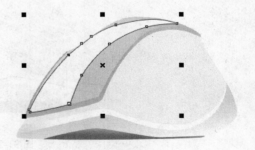

图 31-18　设置图形透明效果　　　　　　　图 31-19　绘制路径

20 选择工具箱中的 ⏃ "交互式透明工具"，然后参照图 31-20 所示调整图形的交互式透明效果。

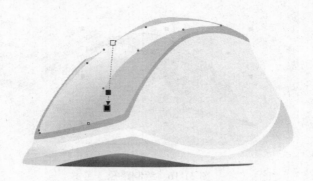

图 31-20　调整图形透明效果

21　选择工具箱中的　"贝塞尔工具"，在如图 31-21 所示的位置绘制一个闭合路径。

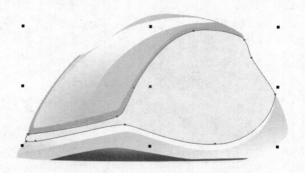

图 31-21　绘制路径

22　再次选择工具箱中的　"贝塞尔工具"，然后参照图 31-22 所示，在步骤 21 绘制的路径内部再次绘制一个闭合路径。

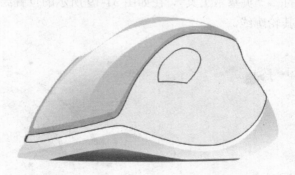

图 31-22　绘制路径

23　选择步骤 21 和步骤 22 中绘制的路径，在属性栏中单击　"修剪"按钮，修剪图形，选择修剪后的图形，将其填充为由青色（C：100、M：0、Y：0、K：0）到冰蓝色（C：40、M：0、Y：0、K：0）的射线渐变色，并取消其轮廓线，如图 31-23 所示。

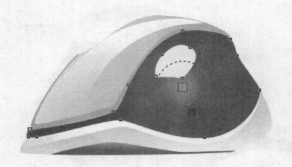

图 31-23   填充路径

24 选择工具箱中的 "交互式阴影工具"，在图形上拖动鼠标，这时在图形的周围产生阴影效果，在属性栏中的"阴影的不透明"参数栏中键入 80，在"阴影羽化"参数栏中键入 2，如图 31-24 所示。

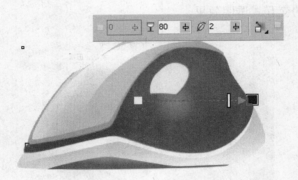

图 31-24   设置阴影效果

25 使用上述绘制机身轮廓的方法，然后参照图 31-25 所示绘制机身内部的纹理。

图 31-25   绘制其他纹理

26 选择工具箱中的 "贝塞尔工具"，在如图 31-26 所示的位置绘制一个开放路径，在属性栏中的"选择轮廓宽度或键入新宽度"下拉选项栏中选择 0.75 mm 选项，设置开放路径的宽度。

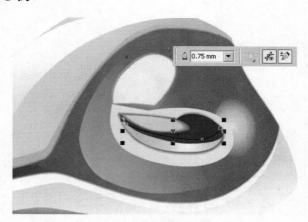

图 31-26　绘制路径

27 确定新绘制的开放路径处于被选择状态，将其设置为白色，选择工具箱中的 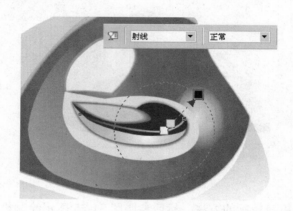 "交互式透明工具"，在属性栏中的"透明度类型"下拉选项栏中选择"射线"选项，然后参照图 31-27 所示调整图形的交互式透明效果。

图 31-27　设置图形透明效果

28 现在本实例的制作就全部完成了，完成后的效果如图 31-28 所示。将本实例保存，以便在实例 32 中使用。

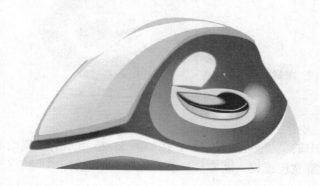

图 31-28　完成后的效果

实例 32　绘制蒸汽熨斗（绘制按钮）

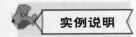

实例说明　在本实例中，将绘制蒸汽熨斗的按钮，在绘制过程中，使用了各种交互式工具使其具有更强的立体感。通过本实例的学习，使读者了解在 CorelDRAW X4 中钢笔工具、渐变填充工具和交互式透明工具的使用方法。

技术要点　在本实例中，首先创建一个按钮层，然后使用钢笔工具绘制蒸汽熨斗的按钮主轮廓，使用渐变填充工具填充图形，使用交互式阴影工具设置阴影效果，然后使用交互式透明工具绘制高光效果，表现对象的立体感，完成蒸汽熨斗按钮的绘制。完成后的效果如图 32-1 所示。

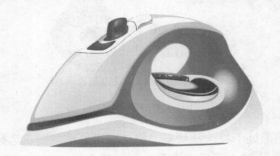

图 32-1　蒸汽熨斗的按钮效果

1　打开实例 31 中保存的文件，在"对象管理器"泊坞窗中单击 "新建图层"按钮，创建一个新图层——"图层 2"，将该图层命名为"按钮"，如图 32-2 所示。

2　绘制蒸汽熨斗上的开关按钮。选择工具箱中的 "钢笔工具"，在如图 32-3 所示的位置绘制一个闭合路径。

图 32-2　命名新图层

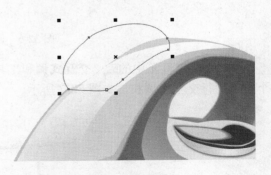

图 32-3　绘制路径

3　选择实例 31 中绘制的最低层图形和本实例步骤 2 中绘制的图形，在属性栏中单击 "相交"按钮，相交后的图形如图 32-4 所示。

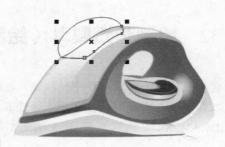

图 32-4　相交图形

4 确定相交后的图形处于被选择状态，将该图形填充为白色，并取消其轮廓线，然后删除步骤 2 中绘制的闭合路径，如图 32-5 所示。

图 32-5　填充图形

5 确定填充后的图形处于被选择状态，将该图形原地复制，选择步骤 2 中绘制的图形将其填充为黑色，并参照图 32-6 所示调整黑色图形的位置。

图 32-6　调整图形的位置

6 选择工具箱中的 "交互式调和工具"，将绘制的白色图形拖动至黑色图形上，使两个图形进行交互式调和，如图 32-7 所示。

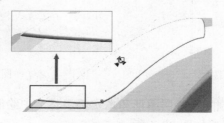

图 32-7　调和图形

7 选择工具箱中的 "钢笔工具"，在如图 32-8 所示的位置绘制一个闭合路径，将其填充为黑色，并取消其轮廓线。

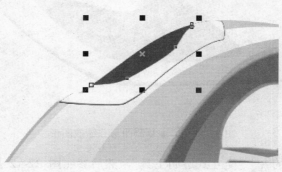

图 32-8　绘制路径

8 选择工具箱中的 "交互式透明工具"，然后参照图 32-9 所示调整图形的交互式透明效果。

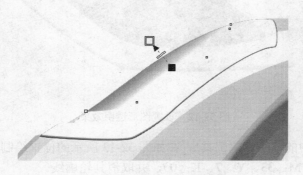

图 32-9　设置图形透明效果

9 选择工具箱中的 "钢笔工具"，在如图 32-10 所示的位置绘制一个闭合路径，将其填充为蓝色（C：87、M：33、Y：7、K：0），并取消其轮廓线。

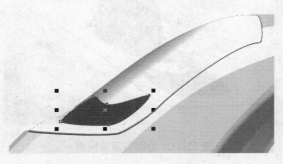

图 32-10　绘制路径

10 将步骤 9 中绘制的图形原地复制，然后参照图 32-11 所示缩放图形，并将其填充为青色（C：100、M：0、Y：0、K：0）。

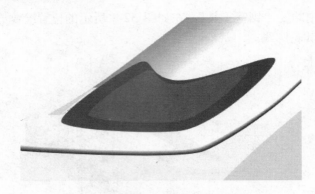

图 32-11　原地复制图形并缩放图形

[11]　选择工具箱中的 ⦶ "交互式透明工具",然后参照图 32-12 所示调整图形的交互式透明效果。

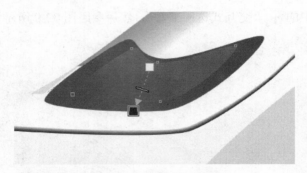

图 32-12　设置图形透明效果

[12]　选择工具箱中的 ⦶ "钢笔工具",在如图 32-13 所示的位置绘制一个闭合路径,将其填充为蓝色（C:87、M:33、Y:7、K:0）,并取消其轮廓线。

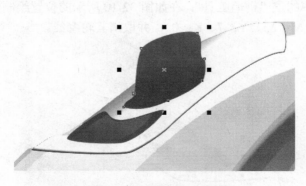

图 32-13　绘制按钮的轮廓

[13]　选择工具箱中的 ⦶ "交互式阴影工具",在图形上拖动鼠标,这时在图形的周围产生阴影效果,在属性栏中的 "阴影的不透明"参数栏中键入 70,在 "阴影羽化"参数栏中键入 3,如图 32-14 所示。

图 32-14　设置阴影效果

14 在属性栏中单击 "阴影羽化方向" 按钮，打开 "羽化方向" 面板，单击 "向外" 按钮，确定羽化方向，如图 32-15 所示。

15 在属性栏中单击 "阴影羽化边缘" 按钮，打开 "羽化边缘" 面板，单击 "反白方形" 按钮，确定羽化边缘类型，如图 32-16 所示。

图 32-15　设置羽化方向

图 32-16　设置羽化边缘

16 接下来绘制按钮上的明暗。选择工具箱中的 "钢笔工具"，在如图 32-17 所示的位置绘制一个闭合路径，将其填充为蓝色（C：73、M：0、Y：1、K：0），并取消其轮廓线。

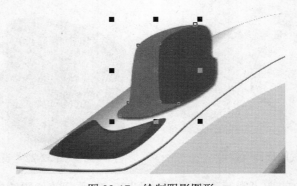

图 32-17　绘制阴影图形

17 选择工具箱中的 "交互式透明工具"，然后参照图 32-18 所示调整图形的交互式透明效果。

18 使用上述绘制明暗的方法，然后参照图 32-19 所示绘制按钮上其他地方的明暗。

图 32-18 设置图形透明效果　　　　　　　　图 32-19 绘制明暗

19 选择工具箱中的 ✎ "钢笔工具"，在如图 32-20 所示的位置绘制一个开放路径。

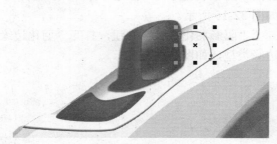

图 32-20 绘制路径

20 选择工具箱中的 ⛓ "交互式透明工具"，然后参照图 32-21 所示调整图形的交互式透明效果。

21 选择工具箱中的 ▢ "交互式阴影工具"，在图形上拖动鼠标，这时在图形的周围产生阴影效果，在属性栏中的"阴影的不透明"参数栏中键入 60，在"阴影羽化"参数栏中键入 10，如图 32-22 所示。

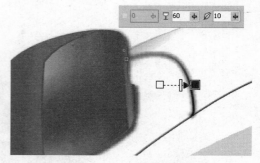

图 32-21 设置图形透明效果　　　　　　　　图 32-22 设置阴影效果

22 选择工具箱中的 ✎ "钢笔工具"，在如图 32-23 所示的位置绘制一个闭合路径。

23 选择新绘制的闭合路径，将其填充为由浅灰色（C：41、M：33、Y：33、K：1）、浅灰色（C：40、M：32、Y：32、K：1）、浅灰色（C：15、M：11、Y：11、K：0）和灰白色（C：11、M：8、Y：8、K：0）组成的线性渐变色，并取消其轮廓线，如图 32-24 所示。

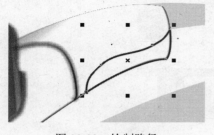

图 32-23　绘制路径

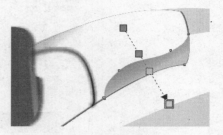

图 32-24　填充图形

24 选择工具箱中的 "交互式阴影工具"，在图形上拖动鼠标，这时在图形的周围产生阴影效果，在属性栏中的"阴影的不透明"参数栏中键入 90，在"阴影羽化"参数栏中键入 5，如图 32-25 所示。

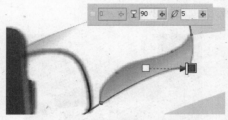

图 32-25　设置阴影效果

25 绘制蒸汽熨斗上控制蒸汽大小的按钮。选择工具箱中的 "钢笔工具"，在如图 32-26所示的位置绘制一个闭合路径。

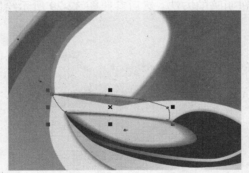

图 32-26　绘制路径

26 确定新绘制的闭合路径处于被选择状态，单击工具箱中的 "填充"下拉按钮，在弹出的下拉按钮中选择"渐变填充"选项，打开"渐变填充"对话框。在"类型"下拉选项栏中选择"线性"选项；在"颜色调和"选项组中选择"自定义"单选按钮，这时可以设置渐变颜色，参照图 32-27 所示设置渐变色由蓝色（C：98、M：64、Y：0、K：0）、蓝色（C：98、M：64、Y：0、K：0）、浅蓝色（C：93、M：26、Y：0、K：0）、蓝色（C：87、M：40、Y：0、K：0）、浅蓝色（C：84、M：46、Y：0、K：0）、浅蓝色（C：39、M：17、Y：4、K：0）和浅蓝色（C：22、M：7、Y：5、K：0）组成；在"选项"选项组中的"角度"参数栏中键入 85.0，在"边界"参数栏中键入 13。

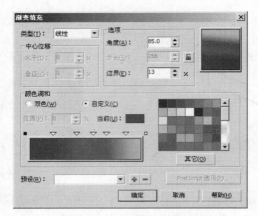

图 32-27　"渐变填充"对话框

27 单击"渐变填充"对话框中的"确定"按钮，退出"渐变填充"对话框，取消图形轮廓线，完成按钮雏形的绘制，如图 32-28 所示。

图 32-28　取消其轮廓线

28 使用绘制开关按钮明暗的方法，然后参照图 32-29 所示绘制调节大小按钮上的明暗。

图 32-29　绘制明暗

28 使用绘制调节大小按钮的方法，并参照图 32-30 所示绘制按钮上的大小刻度。

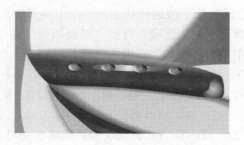

图 32-30　绘制刻度

30　现在本实例的制作就全部完成了，完成后的效果如图 32-31 所示。将本实例保存，以便在实例 33 中使用。

图 32-31　完成后的效果

实例 33　绘制蒸汽熨斗（绘制底座和细节）

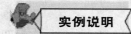　在本实例中，将绘制蒸汽熨斗的底座和细节，其中在绘制底座时仍将使用图形的叠加来表现其立体感，在绘制细节时通过使用透明工具，为蒸汽熨斗添加高光点和绘制明暗，表现蒸汽熨斗的通透感。通过本实例的学习，使读者了解在 CorelDRAW X4 中基本绘图工具的使用方法。

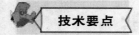　在本实例中，首先创建一个底座层，然后使用贝塞尔工具绘制蒸汽熨斗的底座，使用渐变填充工具填充图形，使用交互式透明工具绘制明暗效果，然后再创建一个细节层，使用贝塞尔工具、填充工具和交互式透明工具绘制蒸汽熨斗上的高光点，完成蒸汽熨斗底座和细节的绘制。完成后的效果如图 33-1 所示。

图 33-1　蒸汽熨斗的底座和细节效果

1　打开实例 32 中保存的文件，在"对象管理器"泊坞窗中单击 "新建图层"按钮，创建一个新图层——"图层 2"，将该图层命名为"底座"，如图 33-2 所示。

图 33-2　命名新图层

2 在"对象管理器"泊坞窗中选择新创建的"底座"层，将其拖动至"机身"层的下一层，使其置于"机身"层的底部，如图 33-3 所示。

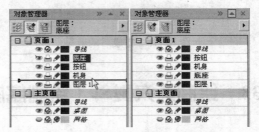

图 33-3　左图为拖到操作，右图为重新排列后的图层

3 绘制蒸汽熨斗的底座。选择"底座"层，选择工具箱中的 "贝塞尔工具"，在如图 33-4 所示的位置绘制一个闭合路径。

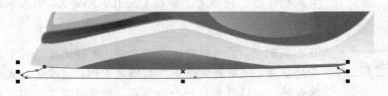

图 33-4　绘制路径

4 确定新绘制的闭合路径处于被选择状态，将该闭合路径填充为黑色，取消其轮廓线，如图 33-5 所示。

图 33-5　填充路径

5 选择工具箱中的 "贝塞尔工具"，在如图 33-6 所示的位置绘制一个闭合路径。

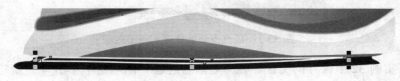

图 33-6　绘制路径

6 确定新绘制的闭合路径处于被选择状态，将其填充为由白色到 10%的黑色的线性渐变色，取消其轮廓线，如图 33-7 所示。

图 33-7 填充路径

7 选择工具箱中的 ❣ "交互式透明工具"，然后参照图 33-8 所示调整图形的交互式透明效果。

图 33-8 设置图形透明效果

8 选择工具箱中的 ✎ "贝塞尔工具"，在如图 33-9 所示的位置绘制一个闭合路径，将其填充为 10%的黑色，并取消其轮廓线。

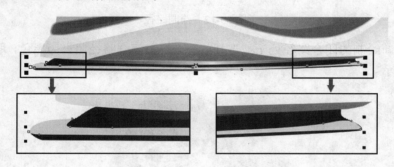

图 33-9 绘制路径

9 选择工具箱中的 ❣ "交互式透明工具"，然后参照图 33-10 所示调整图形的交互式透明效果。

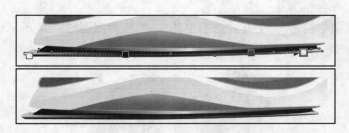

图 33-10 设置图形透明效果

10 接下来绘制蒸汽熨斗上的细节。在 "对象管理器"泊坞窗中单击 "新建图层"按钮，创建一个新图层—— "图层 2"，将该图层命名为 "细节"，如图 33-11 所示。

图 33-11　命名新图层

11 选择工具箱中的 ^{此处省略}"贝塞尔工具"，在如图 33-12 所示的位置绘制一个闭合路径。

图 33-12　绘制路径

12 确定新绘制的闭合路径处于被选择状态，将该闭合路径填充为黑色，取消其轮廓线，如图 33-13 所示。

图 33-13　填充路径

13 选择工具箱中的 "交互式透明工具"，然后参照图 33-14 所示调整图形的交互式透明效果。

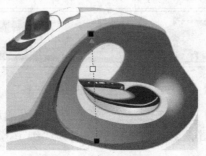

图 33-14　设置图形透明效果

14　原地复制步骤 13 中设置过透明效果的图形，将复制得到的图形填充为白色，并参照图 33-15 所示调整该图形的位置。

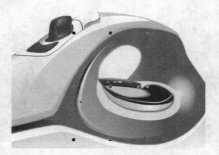

图 33-15　调整图形的位置

15　选择工具箱中的 　"交互式透明工具"，然后参照图 33-16 所示调整图形的交互式透明效果。

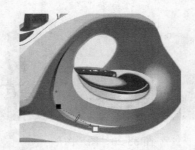

图 33-16　设置图形透明效果

16　选择工具箱中的 　"贝塞尔工具"，在如图 33-17 所示的位置绘制一个闭合路径。

图 33-17　绘制路径

17　确定新绘制的闭合路径处于被选择状态，将其填充为淡蓝色（C：8、M：3、Y：3、K：0），取消其轮廓线，如图 33-18 所示。

图 33-18　填充路径

18 原地复制步骤 17 中填充的图形，并参照图 33-19 所示缩放图形，将其填充为淡蓝色（C：16、M：6、Y：7、K：0）。

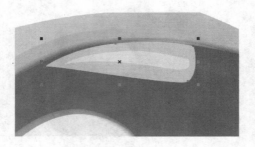

图 33-19　缩放图形

19 选择工具箱中的 🔲 "交互式调和工具"，将绘制的小图形拖动至大图形上，使两个图形进行交互式调和，如图 33-20 所示。

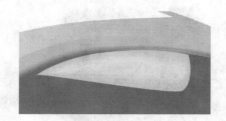

图 33-20　图形图形

20 选择工具箱中 🍸 "交互式透明工具"，然后参照图 33-21 所示调整图形的交互式透明效果。

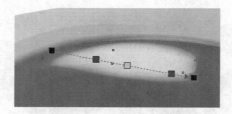

图 33-21　设置图形透明效果

21 现在本实例的制作就全部完成了，完成后的效果如图 33-22 所示。将本实例保存，以便在实例 34 中使用。

图 33-22　完成后的效果

实例 34　绘制蒸汽熨斗（绘制电线接口、编辑投影）

实例说明　在本实例中，将指导读者绘制蒸汽熨斗的电线接口和编辑蒸汽熨斗的投影。通过本实例的学习，可以加深读者对 CorelDRAW X4 编辑对象基本工具的使用方法。

技术要点　在本实例中，首先使用文本工具绘制蒸汽熨斗上的标志，然后通过交互式封套工具编辑文字的形态，使用贝塞尔工具、渐变填充工具和交互式透明工具绘制蒸汽熨斗的电线接口，最后使用矩形工具和交互式透明工具，为复制的投影对象添加遮盖，完成蒸汽熨斗电线接口和投影的绘制。完成后的效果如图 34-1 所示。

图 34-1　蒸汽熨斗效果

1 打开实例 33 中保存的文件，选择"细节"层，选择工具箱中的 **字** "文本工具"，在绘图页面内单击确定文字的位置，在属性栏中的"字体列表"下拉式选项栏中选择"宋体"选项，在"从上部的顶部到下部的底部的高度"参数栏中键入 9.5 pt，然后参照图 34-2 所示键入"流行经典 D32KTZ060-04"文本。

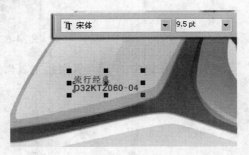

图 34-2　键入文本

2 选择新键入的文本，选择工具箱中的 **画** "交互式封套工具"，在属性栏中单击 **□** "封套的直线模式"按钮，然后参照图 34-3 所示设置文本的交互式封套效果。

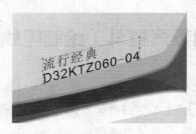

图 34-3　设置文本的交互式封套效果

3　在属性栏中单击□"封套的直线模式"按钮，然后参照图 34-4 所示设置文本的交互式封套效果。

图 34-4　设置文本的交互式封套效果

4　绘制蒸汽熨斗的电线接口。在"对象管理器"泊坞窗中单击🖼"新建图层"按钮，创建一个新图层——"图层 2"，将该图层命名为"电线接口"，如图 34-5 所示。

5　在"对象管理器"泊坞窗中选择新创建的"电线接口"层，将其拖动至"底座"层的下一层，使其置于"底座"层的底部，如图 34-6 所示。

图 34-5　命名新图层

图 34-6　重新排列图层

6　选择"电线接口"层，选择工具箱中的📝"贝塞尔工具"，在如图 34-7 所示的位置绘制一个闭合路径。

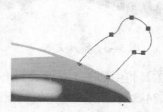

图 34-7　绘制路径

[7]　确定新绘制的闭合路径处于被选择状态，单击工具箱中的 "填充"下拉按钮，在弹出的下拉按钮中选择"渐变填充"选项，打开"渐变填充"对话框。在"类型"下拉选项栏中选择"线性"选项，在"颜色调和"选项组中选择"自定义"单选按钮，这时可以设置渐变颜色，参照图 34-8 所示设置渐变色由灰白色（C：3、M：2、Y：2、K：0）、灰白色（C：3、M：2、Y：2、K：0）、浅灰色（C：7、M：5、Y：5、K：0）、浅灰色（C：7、M：5、Y：6、K：0）、灰色（C：20、M：15、Y：15、K：0）、灰白色（C：4、M：3、Y：3、K：0）和 30%的黑色组成；在"选项"选项组中的"角度"参数栏中键入-40.0。

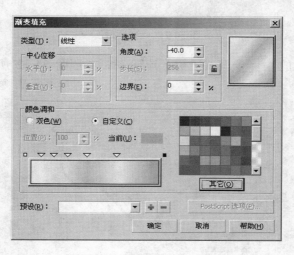

图 34-8　"渐变填充"对话框

[8]　单击"渐变填充"对话框中的"确定"按钮，退出"渐变填充"对话框。取消图形轮廓线，完成接线口雏形的绘制，如图 34-9 所示。

[9]　原地复制步骤 8 中填充后的图形，将原图形填充为黑色，并参照图 34-10 所示调整该图形的位置。

图 34-9　取消其轮廓线

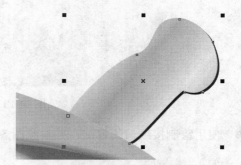

图 34-10　调整图形的位置

[10]　选择工具箱中的 "贝塞尔工具"，在如图 34-11 所示的位置绘制一个开放路径，在属性栏中的"选择轮廓宽度或键入新宽度"下拉选项栏中选择 0.5 mm 选项，设置开放路径的宽度。

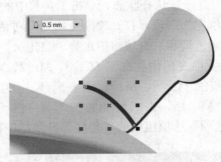

图 34-11　绘制路径

[11]　选择工具箱中的 "交互式透明工具"，然后参照图 34-12 所示调整图形的交互式透明效果。

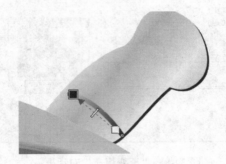

图 34-12　设置图形透明效果

[12]　使用步骤 10 到步骤 11 绘制图形的方法，并参照图 34-13 所示绘制其他图形。

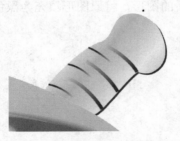

图 34-13　绘制图形

[13]　使用绘制接线口的方法，并参照图 34-14 所示绘制电线。

图 34-14　绘制电线

14 在"对象管理器"泊坞窗中选择"电线接口"层内新绘制的电线对象，将其置于该层的底部，如图 34-15 所示。

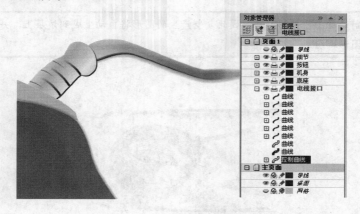

图 34-15 调整图形的层次关系

15 最后编辑投影，在"对象管理器"泊坞窗中单击 "新建图层"按钮，创建一个新图层——"图层 2"，将该图层命名为"投影"，如图 34-16 所示。

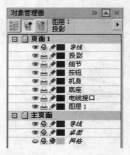

图 34-16 命名新图层

16 选择"投影"层，在绘图页面内框选绘制的所有图形，如图 34-17 所示。

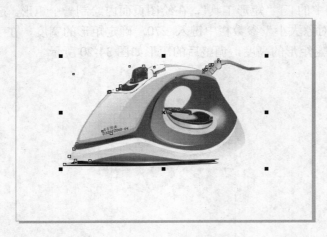

图 34-17 选择图形

17 原地复制所选图形，在属性栏中单击 "垂直镜像"按钮，将图形垂直镜像，如图

34-18 所示。

提示

由于当前选择了"投影"层，因此复制产生的图形将自动生成到该层上，并会默认将同一个层上的图形群组。

图 34-18 垂直镜像图形

18 参照图 34-19 所示调整图形的位置。

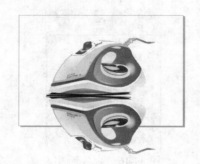

图 34-19 调整图形的位置

19 选择工具箱中的 □ "矩形工具"，在绘图页面内绘制一个矩形。选择新绘制的图形，在属性栏中的 ↔ "对象大小"参数栏中键入 270，确定矩形的宽度，在 ↕ "对象大小"参数栏中键入 215，确定矩形的高度，调整后的矩形如图 34-20 所示。

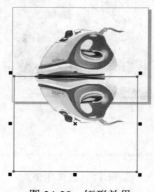

图 34-20 矩形效果

20　确定新绘制的矩形处于被选择状态,将该矩形填充为白色,取消其轮廓线,如图 34-21 所示。

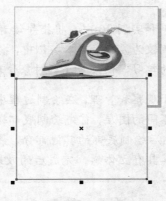

图 34-21　填充图形

21　选择工具箱中的 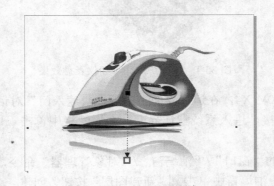 "交互式透明工具",然后参照图 34-22 所示调整图形的交互式透明效果。

图 34-22　设置图形透明效果

22　现在本实例的制作就全部完成了,完成后的效果如图 34-23 所示。如果读者在制作过程中遇到了什么问题,可以打开本书附带光盘中的"工业造型/实例 31~34:绘制蒸汽熨斗/绘制蒸汽熨斗.cdr"文件,这是本实例完成后的文件。

图 34-23　完成后的效果

实例 35　绘制电磁炉（底部和仪表盘部分）

实例说明　在本实例和实例 36 中，将指导读者绘制一个电磁炉的工业效果图，由于实例较为复杂，在本实例中，将先绘制底部和仪表盘部分。通过本实例的学习，使读者了解对象管理器的应用方法。

技术要点　为了便于观察和管理，在绘制过程中使用了对象管理器，将不同对象绘制于不同的图层，首先绘制底部轮廓，将其填充并设置交互式阴影效果，然后绘制底部的其他部分，最后绘制表盘底部，使用渐变填充方法使其具有立体感。完成后的效果如图 35-1 所示。

图 35-1　电磁炉的底部和仪表盘效果

[1]　运行 CorelDRAW X4，在运行界面上出现"快速入门"对话框。在该对话框中单击"新建空白文档"超链接，进入系统默认界面，在属性栏中单击 ⬜ "横向"按钮，将页面布局设置为横向。

[2]　执行菜单栏中的"窗口" / "泊坞窗" / "对象管理器"命令，打开"对象管理器"泊坞窗。在"对象管理器"泊坞窗中单击 ▣ "新建图层"按钮，创建一个新图层——"图层 2"，将该图层命名为"底部"，如图 35-2 所示。

[3]　选择"底部"层，选择工具箱中的 ✎ "贝塞尔工具"，在如图 35-3 所示的位置绘制一个闭合路径。

图 35-2　命名新图层

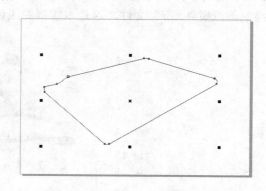

图 35-3　绘制路径

4 确定新绘制的闭合路径处于被选择状态，将其填充为由黑色到 50% 的黑色的线性渐变色，并取消其轮廓线，如图 35-4 所示。

图 35-4 填充图形

5 选择工具箱中的  "交互式阴影工具"，在图形处拖动鼠标，这时在图形的周围产生阴影效果，在属性栏中的 "阴影的不透明" 参数栏中键入 60，在 "阴影羽化" 参数栏中键入 5，如图 35-5 所示。

图 35-5 设置图形阴影效果

6 选择工具箱中的 "贝塞尔工具"，在如图 35-6 所示的位置绘制一个闭合路径。

图 35-6 绘制路径

7 确定新绘制的闭合路径处于被选择状态，将其填充为由 80% 的黑色到 50% 的黑色的线性渐变色，并取消其轮廓线，如图 35-7 所示。

图 35-7　填充图形

8 绘制电磁炉平面。选择工具箱中的 ◥ "贝塞尔工具"，在如图 35-8 所示的位置绘制一个闭合路径。

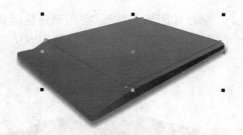

图 35-8　绘制路径

9 将新绘制的闭合路径填充为 80%的黑色，如图 35-9 所示。

图 35-9　填充路径

10 接下来需要绘制电磁炉平面上的反光部分。选择工具箱中的 ◥ "贝塞尔工具"，在如图 35-10 所示的位置绘制一个闭合路径。

图 35-10　绘制反光部分

11 确定新绘制的闭合路径处于被选择状态，将其填充为由 80%的黑色到 70%的黑色的线性渐变色，并取消其轮廓线，完成反光部分的填充，如图 35-11 所示。

图 35-11 填充反光部分

⓬ 接下来需要绘制仪表盘部分。在"对象管理器"泊坞窗中单击 "新建图层"按钮，创建一个新图层——"图层 2"，将该图层命名为"仪表盘"，如图 35-12 所示。

图 35-12 创建新图层

⓭ 选择"仪表盘"层，选择工具箱中的 "贝塞尔工具"，在如图 35-13 所示的位置绘制一个闭合路径。

图 35-13 绘制路径

⓮ 将新绘制的闭合路径填充为 10%的黑色，如图 35-14 所示。

图 35-14 填充路径

⓯ 选择工具箱中的 "贝塞尔工具"，在如图 35-15 所示的位置绘制一个闭合路径。

图 35-15　绘制路径

16 确定新绘制的闭合路径处于被选择状态，将其填充为由 20%的黑色到 60%的黑色的线性渐变色，并取消其轮廓线，如图 35-16 所示。

图 35-16　填充路径

17 接下来需要绘制仪表盘平面部分。选择工具箱中的 "贝塞尔工具"，在如图 35-17 所示的位置绘制一个闭合路径。

图 35-17　绘制路径

18 确定新绘制的闭合路径处于被选择状态，将其填充为由 40%的黑色到 20%的黑色的线性渐变色，并取消其轮廓线，如图 35-18 所示。

图 35-18　填充路径

19 选择工具箱中的 ↖、"贝塞尔工具"，在如图 35-19 所示的位置绘制一个闭合路径，该闭合路径为仪表盘底部边缘。

20 将新绘制的闭合路径填充为 80%的黑色，如图 35-20 所示。

图 35-19　绘制仪表盘底部边缘　　　　　　　图 35-20　填充表盘底部边缘

21 确定填充后的闭合路径处于被选择状态，选择工具箱中的 ↗、"交互式透明工具"，在属性栏中的"透明度类型"下拉选项栏中选择"标准"选项，在"透明度操作"下拉选项栏中选择"正常"选项，在"开始透明度"参数栏中键入 55，设置图形的交互式透明效果，如图 35-21 所示。

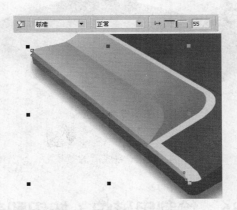

图 35-21　设置图形透明效果

22 最后需要绘制仪表盘的高光部分。选择工具箱中的 ↖、"贝塞尔工具"，在如图 35-22 所示的位置绘制一个闭合路径，将其填充为白色，并取消其轮廓线。

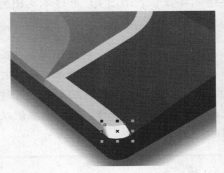

图 35-22　填充图形

23 选择工具箱中的 "交互式透明工具"，然后参照图 35-23 所示调整图形的交互式透明效果。

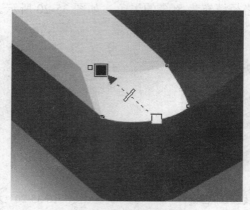

图 35-23　设置图形透明效果

24 现在本实例的制作就全部完成了，完成后的效果如图 35-24 所示。将本实例保存，以便在实例 36 中使用。

图 35-24　完成后的效果

实例 36　绘制电磁炉（按钮和表面图案）

在本实例中，将继续实例 35 中的练习，完成电磁炉效果图的绘制，主要绘制按钮和表面图案。通过本实例的学习，使读者了解到交互式轮廓效果和封套工具的应用方法。

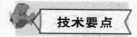

在本实例中，首先需要绘制表面图案。在绘制表面图案时，首先绘制图形，并设置其交互式轮廓效果，将其打散，然后修剪图形，使用同样的方法，完成其他图形的绘制，使用封套工具编辑其形状，使其适应电磁炉，最后绘制按钮，完成电磁炉效果图的绘制。完成后的效果如图 36-1 所示。

图 36-1 电磁炉效果

1 打开实例 35 中保存的文件，在"对象管理器"泊坞窗中单击 "新建图层"按钮，创建一个新图层——"图层 2"，将该图层命名为"表面图案"，如图 36-2 所示。

图 36-2 创建新图层

2 选择工具箱中的 "矩形工具"，在绘图页面内绘制一个任意矩形，选择新绘制的图形，在属性栏中的 "对象大小"参数栏中键入 90，确定矩形的宽度，在 "对象大小"参数栏中键入 90，确定矩形的高度，调整后的矩形如图 36-3 所示。

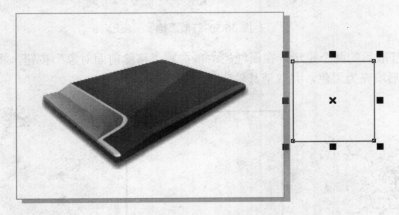

图 36-3 矩形效果

3 选择新绘制的矩形，选择工具箱中的 "交互式轮廓图工具"，在属性栏中单击 "向内"按钮，在"轮廓图步长"参数栏中键入 1，在"轮廓图偏移"参数栏中键入 1.0 mm，如图 36-4 所示。

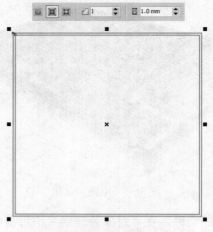

图 36-4　设置图形轮廓效果

4 右击矩形左上角，在弹出的快捷菜单中选择"打散轮廓图群组"选项，如图 36-5 所示，将轮廓图群组打散。

图 36-5　打散图形

5 选择打散后的两个矩形，在属性栏中单击 "移除前面对象"按钮，将图形修剪，将修剪后的图形填充为黑色，并取消其轮廓线，如图 36-6 所示。

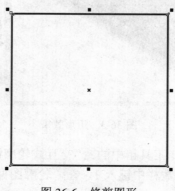

图 36-6　修剪图形

6 选择工具箱中的 ▢ "矩形工具"，在绘图页面内绘制一个任意矩形，选择新绘制的图形，在属性栏中的 ↔ "对象大小"参数栏中键入 110，确定矩形的宽度，在 ↕ "对象大小"参数栏中键入 50，确定矩形的高度，调整后的矩形如图 36-7 所示。

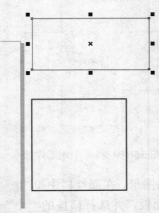

图 36-7 矩形效果

7 选择工具箱中的 ▢ "矩形工具"，在绘图页面内绘制一个任意矩形，选择新绘制的图形，在属性栏中的 ↔ "对象大小"参数栏中键入 50，确定矩形的宽度，在 ↕ "对象大小"参数栏中键入 110，确定矩形的高度，调整后的矩形如图 36-8 所示。

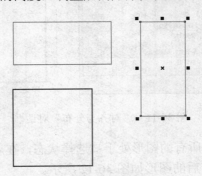

图 36-8 矩形效果

8 选择新绘制的两个矩形，在属性栏中单击 ▤ "对齐与分布"按钮，打开"对齐与分布"对话框。进入"对齐"面板，选择横排的"中"复选框和竖排的"中"复选框，如图 36-9 所示。单击"应用"按钮，确定所选图形以中心对齐，单击"关闭"按钮，退出该对话框。

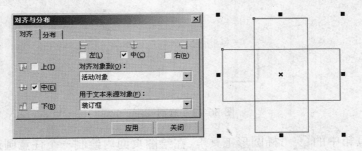

图 36-9 "对齐与分布"对话框

⑧ 选择对齐后的两个矩形，在属性栏中单击 ⬒ "焊接"按钮，将两个矩形焊接，如图 36-10 所示。

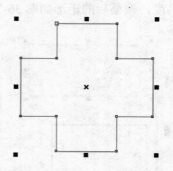

图 36-10　将两个矩形焊接

⑩ 选择"表面图案"层所有的图形，在属性栏中单击 ⬒ "对齐与分布"按钮，打开"对齐与分布"对话框。进入"对齐"面板，并选择横排的"中"复选框和竖排的"中"复选框，如图 36-11 所示。单击"应用"按钮，确定所选图形以中心对齐，单击"关闭"按钮，退出该对话框。

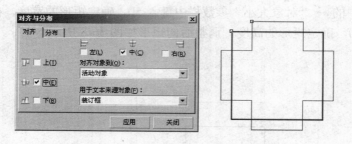

图 36-11　"对齐与分布"对话框

⑪ 确定"表面图案"层所有的图形处于被选择状态，在属性栏中单击 ⬒ "移除前面对象"按钮，将图形修剪，修剪后的图形如图 36-12 所示。

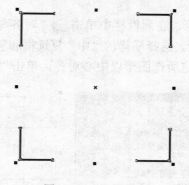

图 36-12　修剪图形

⑫ 选择工具箱中的 ⬭ "椭圆形工具"，在绘图页面内绘制一个任意圆形，选择新绘制的图形，在属性栏中的 ↔ "对象大小"参数栏中键入 42，确定圆形的宽度，在 ⬍ "对象大

小"参数栏中键入 42，确定圆形的高度，调整后的圆形如图 36-13 所示。

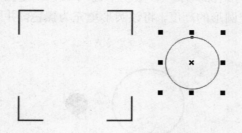

图 36-13　圆形效果

13 选择新绘制的圆形，选择工具箱中的 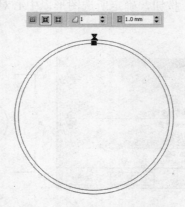 "交互式轮廓图工具"，在属性栏中单击 ▥ "向内"按钮，在"轮廓图步长"参数栏中键入 1，在"轮廓图偏移"参数栏中键入 1.0 mm，如图 36-14 所示。

图 36-14　设置图形轮廓效果

14 右击圆形顶部，在弹出的快捷菜单中选择"打散轮廓图群组"选项，将轮廓图群组打散。

15 选择打散后的两个圆形，在属性栏中单击 ▣ "移除前面对象"按钮，将图形修剪，将修剪后的图形填充为黑色，并取消其轮廓线，如图 36-15 所示。

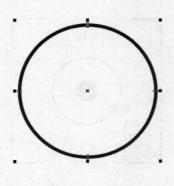

图 36-15　修剪图形

16 选择工具箱中的 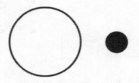 "椭圆形工具"，在绘图页面内绘制一个任意圆形，选择新绘制的图形，在属性栏中的 <!--> "对象大小"参数栏中键入 13，确定圆形的宽度，在 <!--> "对象大小"参数栏中键入 13，确定圆形的高度，将该圆形填充为黑色，并取消其轮廓线，如图 36-16所示。

图 36-16　绘制圆形

17 选择"表面图案"层所有的图形，在属性栏中单击 <!--> "对齐与分布"按钮，打开"对齐与分布"对话框。进入"对齐"面板，并选择横排的"中"复选框和竖排的"中"复选框，如图 36-17 所示。单击"应用"按钮，确定所选图形以中心对齐，单击"关闭"按钮，退出该对话框。

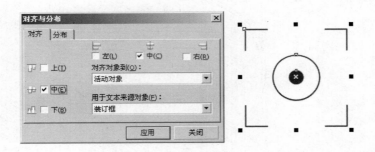

图 36-17　对齐图形

18 确定"表面图案"层所有的图形处于被选择状态，在属性栏中单击 <!--> "焊接"按钮，将图形焊接。

19 选择焊接后的图形，选择工具箱中的 <!--> "交互式封套工具"，为所选图形添加封套，如图 36-18 所示。

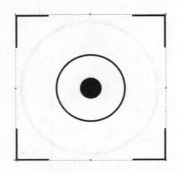

图 36-18　添加封套

20 删除封套四条边中部的节点，将这四个节点删除，选择封套四个角的四个节点，右击节点，在弹出的快捷菜单中选择"到直线"选项，如图 36-19 所示。

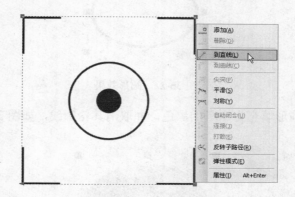

图 36-19 设置节点属性

21 参照图 36-20 所示编辑封套节点，使其适配电磁炉平面。

图 36-20 编辑封套节点

22 最后需要绘制按钮部分。在"对象管理器"泊坞窗中单击 "新建图层"按钮，创建一个新图层——"图层 2"，将该图层命名为"按钮"，如图 36-21 所示。

图 36-21 创建新图层

23 选择工具箱中的 "椭圆形工具"，在绘图页面内绘制一个任意圆形，选择新绘制的图形，在属性栏中的 "对象大小"参数栏中键入 7.5，确定圆形的宽度，在 "对象大小"参数栏中键入 5，确定圆形的高度，调整后的圆形如图 36-22 所示。

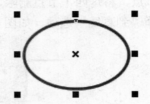

图 36-22　圆形效果

24 将新绘制的圆形填充为 40% 的黑色，并取消其轮廓线，如图 36-23 所示。

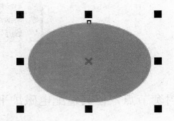

图 36-23　填充圆形

25 选择工具箱中的 ◯ "椭圆形工具"，在绘图页面内绘制一个任意圆形，选择新绘制的图形，在属性栏中的 ↔ "对象大小"参数栏中键入 7，确定圆形的宽度，在 ↕ "对象大小"参数栏中键入 4，确定圆形的高度，调整后的圆形如图 36-24 所示。

图 36-24　圆形效果

26 选择新绘制的圆形，将其填充为为由 20% 的黑色到白色的线性渐变色，并取消其轮廓线，如图 36-25 所示。

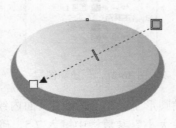

图 36-25　填充图形

27 选择新绘制的两个圆形，在属性栏中单击 ▦ "群组"按钮，将这两个图形群组。

28 将群组后的按钮移动至如图 36-26 所示的位置。

图 36-26 移动图形

28 将按钮复制两个，并放置于如图 36-27 所示的位置。

图 36-27 复制按钮

30 绘制显示屏。选择工具箱中的 ▢ "矩形工具"，在绘图页面内绘制一个任意矩形，选择新绘制的图形，在属性栏中的 ↔ "对象大小"参数栏中键入 17，确定矩形的宽度，在 ↕ "对象大小"参数栏中键入 7，确定矩形的高度，调整后的矩形如图 36-28 所示。

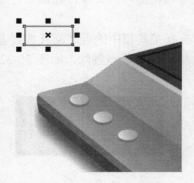

图 36-28 矩形效果

31 选择新绘制的矩形，选择工具箱中的 ▣ "交互式轮廓图工具"，在属性栏中单击 ▨ "向内"按钮，在"轮廓图步长"参数栏中键入 1，在"轮廓图偏移"参数栏中键入 1.0 mm，如

图 36-29 所示。

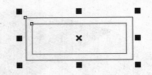

图 36-29 设置图形轮廓效果

32 将设置轮廓后的矩形打散，将底部矩形填充为黑色，将顶部矩形填充为 70%的黑色，并取消这两个图形的轮廓线，如图 36-30 所示。

图 36-30 填充图形

33 选择工具箱中的 字 "文本工具" 按钮，在绘图页面内单击确定文字的位置，在属性栏中的 "字体列表" 下拉选项栏中选择 Impact 选项，在 "从上部的顶部到下部的底部的高度" 参数栏中键入 10，在如图 36-31 所示的位置键入 "RM 20：00" 文本，并将其填充为青色（C：100、M：0、Y：0、K：0）。

图 36-31 键入文本

34 选择打散后的两个矩形和新键入的文本，在属性栏中单击 "群组" 按钮，将所选图形群组。

35 选择群组后的图形，选择工具箱中的 "交互式封套工具"，为所选图形添加封套，删除封套四条边中部的节点，将这四个节点删除，如图 36-32 所示。

图 36-32 为图形添加封套

36 选择封套四个角的四个节点，右击节点，在弹出的快捷菜单中选择 "到直线" 选项，然后参照图 36-33 所示编辑封套节点，使显示屏适配仪表盘形状。

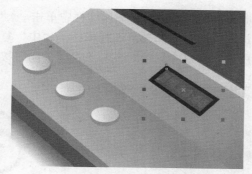

图 36-33　编辑封套节点

37 绘制开关图形。选择工具箱中的 ⬭ "椭圆形工具"，在绘图页面内绘制一个任意圆形，选择新绘制的图形，在属性栏中的 ↔ "对象大小"参数栏中键入 9，确定圆形的宽度，在 ↕ "对象大小"参数栏中键入 9，确定圆形的高度，调整后的圆形如图 36-34 所示。

38 选择新绘制的圆形，选择工具箱中的 ▣ "交互式轮廓图工具"，在属性栏中单击 ▣ "向内"按钮，在"轮廓图步长"参数栏中键入 1，在"轮廓图偏移"参数栏中键入 1.0 mm，圆形效果如图 36-35 所示。

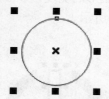

图 36-34　圆形效果

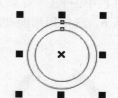

图 36-35　设置图形轮廓效果

39 右击圆形顶部，在弹出的快捷菜单中选择"打散轮廓图群组"选项，将轮廓图群组打散。选择打散后的两个圆形，在属性栏中单击 ▣ "移除前面对象"按钮，将圆形修剪，将修剪后的图形填充为红色（C：0、M：100、Y：100、K：0），并取消其轮廓线，如图 36-36 所示。

40 选择工具箱中的 ▢ "矩形工具"，在绘图页面内绘制一个任意矩形，选择新绘制的图形，在属性栏中的 ↔ "对象大小"参数栏中键入 3，确定矩形的宽度，在 ↕ "对象大小"参数栏中键入 6，确定矩形的高度，调整后的矩形如图 36-37 所示。

图 36-36　修剪图形

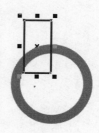

图 36-37　矩形效果

41 选择修剪后的圆形和新绘制的矩形，在属性栏中单击 ⊟ "对齐与分布" 按钮，打开 "对齐与分布" 对话框。进入 "对齐" 面板，选择横排的 "中" 复选框，如图 36-38 所示。单击 "应用" 按钮，确定所选图形以中轴线对齐，单击 "关闭" 按钮，退出该对话框。

图 36-38 "对齐与分布" 对话框

42 确定修剪后的圆形和新绘制的矩形处于被选择状态，在属性栏中单击 ⊡ "移除前面对象" 按钮，将图形修剪，效果如图 36-39 所示。

43 选择工具箱中的 ☐ "矩形工具"，在绘图页面内绘制一个任意矩形，选择新绘制的图形，在属性栏中的 ↔ "对象大小" 参数栏中键入 3，确定矩形的宽度，在 ↕ "对象大小" 参数栏中键入 6，确定矩形的高度，调整后的矩形如图 36-40 所示。

图 36-39 修剪图形

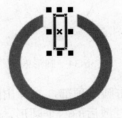

图 36-40 矩形效果

44 将新绘制的矩形填充为红色（C：0、M：100、Y：100、K：0），并取消其轮廓线，如图 36-41 所示。

图 36-41 填充图形

45 选择工具箱中的 字 "文本工具"，在绘图页面内单击确定文字的位置，在属性栏中的 "字体列表" 下拉选项栏中选择 Impact 选项，在 "从上部的顶部到下部的底部的高度" 参数栏中键入 10，在如图 36-42 所示的位置键入"OPEN"文本，将该文本设置为 10%的黑色。

图 36-42　键入文本

46 选择修剪后的图形、新绘制的矩形和新键入的文本，在属性栏中单击 ▤"对齐与分布"按钮，打开"对齐与分布"对话框。进入"对齐"面板，选择横排的"中"复选框，如图 36-43 所示。单击"应用"按钮，确定所选图形以中轴线对齐，单击"关闭"按钮，退出该对话框。

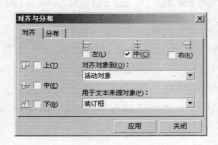 

图 36-43　"对齐与分布"对话框

47 确定对齐后的图形处于被选择状态，在属性栏中单击 ▦"群组"按钮，将所选图形群组，选择工具箱中的 ▨"交互式封套工具"，为所选图形添加封套。

48 参照编辑显示屏的方法编辑封套顶点，使开关适配仪表盘，如图 36-44 所示。

图 36-44　编辑封套

49 现在本实例的制作就全部完成了，完成后的效果如图 36-45 所示。如果读者在制作过程中遇到了什么问题，可以打开本书附带光盘中的"工业造型/实例 35~36：绘制电磁炉/绘制电磁炉.cdr"文件，这是本实例完成后的文件。

图 36-45　完成后的效果

实例 37　绘制音箱（音箱底部和顶部）

在本实例和实例 38 中，将指导读者绘制一个音箱。本实例中，将绘制音箱的底部和顶部，为了能够更好地表现其质感，使用了渐变填充和交互式透明效果相结合的方法，使用局部高光点来增强其质感。通过本实例的学习，使读者了解使用 CorelDRAW X4 绘制不同质感对象的方法。

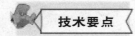

在本实例中，首先绘制底部轮廓，然后将其填充，接下来创建底部面，使用渐变填充和交互式透明效果相结合的方法使其呈现金属质感，然后绘制顶部图形，最后绘制高光点，完成音箱底部和顶部的绘制。完成后的效果如图 37-1 所示。

图 37-1　音箱底部和顶部效果

[1] 运行 CorelDRAW X4，在运行界面上出现"快速入门"对话框。在该对话框中单击"新建空白文档"超链接，进入系统默认界面。

[2] 执行菜单栏中的"窗口"/"泊坞窗"/"对象管理器"命令，打开"对象管理器"泊坞窗，在"对象管理器"泊坞窗中单击 [图] "新建图层"按钮，创建一个新图层——"图层 2"，将该图层命名为"底部"，如图 37-2 所示。

[3] 选择"底部"层，选择工具箱中的 [图] "贝塞尔工具"，在如图 37-3 所示的位置绘制一个闭合路径。

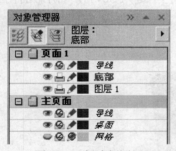

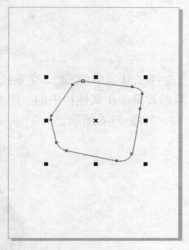

图 37-2　创建新图层　　　　　　　　　　　　图 37-3　绘制路径

[4] 将新绘制的闭合路径填充为 80%的黑色，并取消其轮廓线，如图 37-4 所示。

图 37-4　填充路径

[5] 选择填充后的图形，将其原地复制，选择底层图形，然后参照图 37-5 所示设置其变形。

为了便于读者观察，插图中显示了底层图形轮廓线。

提示

图 37-5　设置图形变形

6 选择工具箱中的 □,"交互式阴影工具",在底层图形处拖动鼠标,这时在图形的周围产生阴影效果,在属性栏中的"阴影的不透明"参数栏中键入 50,在"阴影羽化"参数栏中键入 30,如图 37-6 所示。

图 37-6　设置阴影效果

7 在阴影图形上右击鼠标,在弹出的快捷菜单中选择"打散阴影群组"选项,如图 37-7 所示,将阴影群组打散。

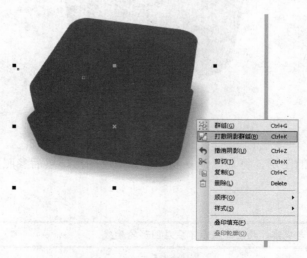

图 37-7　打散阴影群组

8 选择底层图形，将其删除，效果如图 37-8 所示。

图 37-8 删除底层图形后的效果

9 选择工具箱中的 "贝塞尔工具"，在如图 37-9 所示的位置绘制一个闭合路径。

图 37-9 绘制路径

10 选择新绘制的闭合路径，将其填充为由 80% 的黑色、60% 的黑色、20% 的黑色、20% 的黑色和 80% 的黑色组成的线性渐变色，如图 37-10 所示。

图 37-10 填充路径

11 选择工具箱中的 "交互式透明工具"，然后参照图 37-11 所示调整图形的交互式透明效果。

图 37-11 设置图形透明效果

12 在"对象管理器"泊坞窗中单击 ⧉ "新建图层"按钮，创建一个新图层——"图层2"，将该图层命名为"顶部"，如图 37-12 所示。

图 37-12 创建新图层

13 选择工具箱中的 ✎ "贝塞尔工具"，在如图 37-13 所示的位置绘制一个闭合路径。

图 37-13 绘制路径

14 确定新绘制的闭合路径处于被选择状态，将其填充为由浅蓝色（C：22、M：17、Y：17、K：0）到灰色（C：4、M：3、Y：3、K：0）的线性渐变色，并取消其轮廓线，如图 37-14 所示。

图 37-14　填充路径

15 选择工具箱中的 ![icon]"贝塞尔工具"，在如图 37-15 所示的位置绘制一个闭合路径。

图 37-15　绘制路径

16 确定新绘制的闭合路径处于被选择状态，将其填充为由 20%的黑色到 50%的黑色的线性渐变色，并取消其轮廓线，如图 37-16 所示。

图 37-16　填充斜角部分底面

17 选择工具箱中的 ![icon]"贝塞尔工具"，在如图 37-17 所示的位置绘制一个闭合路径。

图 37-17　绘制路径

18 选择新绘制的闭合路径，将其填充为由黑色到 50% 的黑色的线性渐变色，并取消其轮廓线，如图 37-18 所示。

图 37-18　填充路径

19 选择工具箱中的 "贝塞尔工具"，在如图 37-19 所示的位置绘制一个闭合路径。

图 37-19　绘制路径

20 选择新绘制的闭合路径，将其填充为由黑色到 80% 的黑色的线性渐变色，并取消其轮廓线,如图 37-20 所示。

图 37-20　填充路径

21　绘制高光部分。选择工具箱中的 ✎ "贝塞尔工具",在如图 37-21 所示的位置绘制一个闭合路径。

图 37-21　绘制路径

22　将新绘制的闭合路径填充为白色,并取消其轮廓线,如图 37-22 所示。

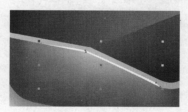

图 37-22　填充路径

23　选择工具箱中的 ⊻ "交互式透明工具",然后参照图 37-23 所示调整图形的交互式透明效果。

图 37-23　设置图形透明效果

24 使用相同的方法绘制另外 3 处高光，如图 37-24 所示。

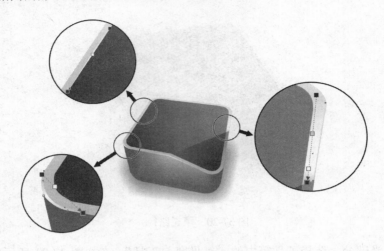

图 37-24 绘制另外三处高光

25 现在本实例的制作就全部完成了，完成后的效果如图 37-25 所示。将本实例保存，以便在实例 38 中使用。

图 37-25 完成后的效果

实例 38 绘制音箱（按钮和喇叭）

实例说明

在本实例中，将指导读者绘制音箱的按钮和喇叭部分，完成音箱的绘制。通过本实例的学习，使读者了解到立体效果的应用方法。

技术要点

在本实例中，使用椭圆工具绘制按钮和喇叭的基本型，使用渐变填充方式设置其立体效果，在绘制喇叭上的符号时，使用了封套工具设置其变形，使其适应喇叭外形。完成后的效果如图 38-1 所示。

图 38-1　音箱效果

1 打开实例 37 中保存的文件，在“对象管理器”泊坞窗中单击“新建图层”按钮，创建一个新图层——“图层 2”，将该图层命名为“按钮”，如图 38-2 所示。

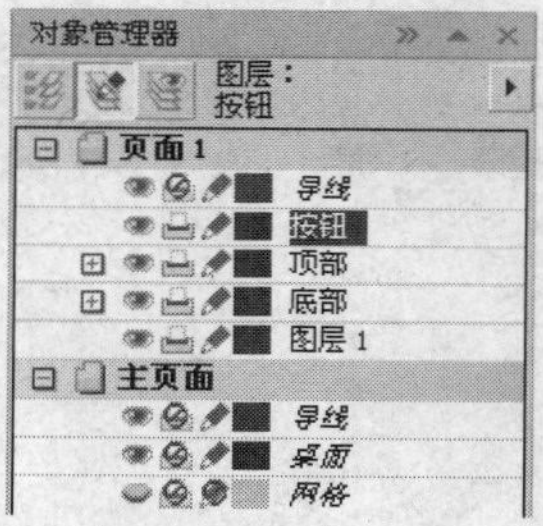

图 38-2　创建新图层

2 选择工具箱中的“椭圆形工具”，在绘图页面内绘制一个任意圆形，选择新绘制的图形，在属性栏中的“对象大小”参数栏中键入 12，确定圆形的宽度，在“对象大小”参数栏中键入 12，确定圆形的高度，调整后的圆形如图 38-3 所示。

图 38-3　绘制圆形

3 选择新绘制的圆形，将其填充为由 60%的黑色到黑色的线性渐变色，并取消其轮廓线，如图38-4所示。

图38-4　填充图形

4 选择工具箱中的 ◯ "椭圆形工具"，在绘图页面内绘制一个任意圆形，选择新绘制的图形，在属性栏中的 ↦ "对象大小"参数栏中键入4.5，确定圆形的宽度，在 ‡ "对象大小"参数栏中键入4.5，确定圆形的高度，调整后的圆形如图38-5所示。

图38-5　圆形效果

5 选择新绘制的圆形，将其填充为由蓝色（C：95、M：68、Y：38、K：6）到白色的射线渐变色，并取消其轮廓线，如图38-6所示。

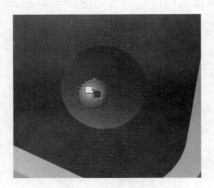

图38-6　填充圆形

6 选择工具箱中的 ▢ "交互式阴影工具"，在填充后的圆形处拖动鼠标，这时在图形的周围产生阴影效果，在属性栏中的"阴影的不透明"参数栏中键入 100，在"阴影羽化"参数栏中键入50，阴影效果如图38-7所示。

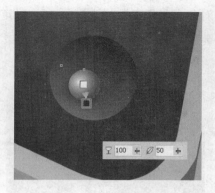

图 38-7 设置阴影效果

7 选择工具箱中的 ⬭ "椭圆形工具"，在绘图页面内绘制一个任意圆形，选择新绘制的图形，在属性栏中的 ↔ "对象大小"参数栏中键入 60，确定圆形的宽度，在 ↕ "对象大小"参数栏中键入 36，确定圆形的高度，调整后的圆形如图 38-8 所示。

图 38-8 圆形效果

8 选择新绘制的圆形，将其填充为由黑色到 30%的黑色的线性渐变色，并取消其轮廓线，如图 38-9 所示。

图 38-9 填充圆形

8 选择工具箱中的 ⬭ "椭圆形工具"，在绘图页面内绘制一个任意圆形，选择新绘制的图形，在属性栏中的 ⟷ "对象大小"参数栏中键入 56，确定圆形的宽度，在 ↕ "对象大小"参数栏中键入 34，确定圆形的高度，将该圆形填充为黑色，并取消其轮廓线，调整后的圆形效果如图 38-10 所示。

图 38-10   绘制并填充后的圆形

10 选择工具箱中的 ◯ "椭圆形工具"，在绘图页面内绘制一个任意圆形，选择新绘制的图形，在属性栏中的 ⟷ "对象大小"参数栏中键入 54，确定圆形的宽度，在 ↕ "对象大小"参数栏中键入 33，确定圆形的高度，调整后的圆形如图 38-11 所示。

图 38-11   圆形效果

11 选择新绘制的圆形，将其填充为由 90%的黑色到 50%的黑色的线性渐变色，并取消其轮廓线，如图 38-12 所示。

图 38-12   填充喇叭外环

12 选择工具箱中的 ◯ "椭圆形工具"，在绘图页面内绘制一个任意圆形，选择新绘制的图形，在属性栏中的 ⟷ "对象大小"参数栏中键入 19.5，确定圆形的宽度，在 ↕ "对象大小"参数栏中键入 12.5，确定圆形的高度，调整后的圆形如图 38-13 所示。

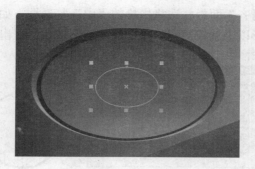

图 38-13　圆形效果

13　选择新绘制的圆形，将其填充为由黑色到 70%的黑色的线性渐变色，并取消其轮廓线，如图 38-14 所示。

图 38-14　填充喇叭内环

14　选择工具箱中的 ◯ "椭圆形工具"，在绘图页面内绘制一个任意圆形，选择新绘制的图形，在属性栏中的 ↔ "对象大小"参数栏中键入 6，确定圆形的宽度，在 ↨ "对象大小"参数栏中键入 6，确定圆形的高度，调整后的圆形如图 38-15 所示。

15　选择工具箱中的 ▢ "矩形工具"，在绘图页面内绘制一个任意矩形，选择新绘制的图形，在属性栏中的 ↔ "对象大小"参数栏中键入 0.5，确定矩形的宽度，在 ↨ "对象大小"参数栏中键入 2，确定矩形的高度，调整后的矩形如图 38-16 所示。

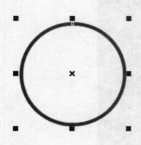

图 38-15　圆形效果

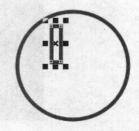

图 38-16　矩形效果

16　选择新绘制的圆形和矩形，在属性栏中单击 ▤ "对齐与分布"按钮，打开"对齐与分布"对话框。进入"对齐"面板，选择横排的"中"复选框，如图 38-17 所示。单击"应用"按钮，确定所选图形以中轴线对齐，单击"关闭"按钮，退出该对话框。

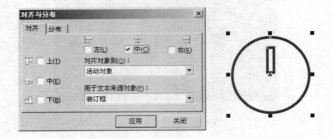

图 38-17　"对齐与分布"对话框

17 确定新绘制的圆形和矩形处于被选择状态，在属性栏中单击 "移除前面对象"按钮，将图形修剪，将修剪后的图形填充为青色（C：100、M：0、Y：0、K：0），并取消其轮廓线，效果如图 38-18 所示。

图 38-18　修剪并填充图形

18 选择工具箱中的 "交互式封套工具"，为填充后的图形添加封套，然后编辑封套节点，效果如图 38-19 所示。

图 38-19　编辑封套节点

19 现在本实例的制作就全部完成了，完成后的效果如图 38-20 所示。如果读者在制作过程中遇到了什么问题，可以打开本书附带光盘中的"工业造型/实例 37~38：绘制音箱/绘制音箱.cdr"文件，这是本实例完成后的文件。

图 38-20 完成后的效果

实例 39 绘制掌上电脑（外壳和阴影）

在本实例和实例 40 中，将指导读者绘制掌上电脑，本实例中，将绘制掌上电脑的外壳和阴影部分。通过本实例的学习，使读者了解高反光塑料材质的表现方法。

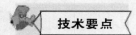

在本实例中，首先使用矩形工具绘制掌上电脑外壳，然后绘制高光部分图形，使用交互式透明工具和交互式调和工具对图形进行设置，使其呈现更为逼真的视觉效果，最后绘制掌上电脑的阴影部分，完成外壳和阴影的绘制。完成后的效果如图 39-1 所示。

图 39-1 掌上电脑外壳和阴影效果

1 运行 CorelDRAW X4，在运行界面上出现"快速入门"对话框。在该对话框中单击"新建空白文档"超链接，进入系统默认界面。

2 执行菜单栏中的"窗口"/"泊坞窗"/"对象管理器"命令，打开"对象管理器"泊坞窗，在"对象管理器"泊坞窗中单击 "新建图层"按钮，创建一个新图层——"图层 2"，将该图层命名为"外壳"，如图 39-2 所示。

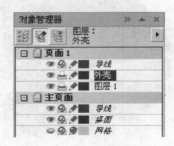

图 39-2 创建新图层

3 选择"外壳"层，然后选择工具箱中的 "矩形工具"，在绘图页面内绘制一个任意矩形，选择新绘制的图形，在属性栏中的 "对象大小"参数栏中键入 90，确定矩形的宽度，在 "对象大小"参数栏中键入 167，确定矩形的高度，激活 "全部圆角"按钮，使其成为 状态，在属性栏中上部的"左边矩形的边角圆滑度"和"右边矩形的边角圆滑度"参数栏中均键入 30，在属性栏中的下部的"左边矩形的边角圆滑度"和"右边矩形的边角圆滑度"参数栏中均键入 35，调整后的矩形如图 39-3 所示。

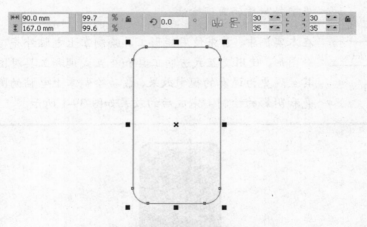

图 39-3 绘制圆角矩形

4 将新绘制的矩形填充为黑色，并取消其轮廓线，如图 39-4 所示。

图 39-4 填充图形

5 选择工具箱中的 🖋 "贝塞尔工具"，在如图 39-5 所示的位置绘制一个闭合路径。

6 将新绘制的闭合路径填充为白色，并取消其轮廓线，如图 39-6 所示。

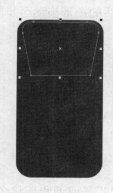

图 39-5　绘制路径

图 39-6　填充路径

7 选择工具箱中的 🖤 "交互式透明工具"，然后参照图 39-7 所示调整图形的交互式透明效果。

8 选择工具箱中的 🖋 "贝塞尔工具"，在如图 39-8 所示的位置绘制一个闭合路径。

图 39-7　设置图形透明效果

图 39-8　绘制路径

8 将新绘制的闭合路径原地复制，选择工具箱中的 🖋 "形状工具"，编辑复制后的路径节点，使其成为如图 39-9 所示的效果。

提示

因为接下来的步骤需要调和图形，重新绘制图形可能会使图形的节点数目等参数不一致，导致调和效果不理想，所以使用了直接复制图形的方法。

图 39-9　编辑图形节点

10 将编辑节点后的图形填充为 30%的黑色，并取消其轮廓线，将步骤 8 绘制的图形填充为黑色，并取消其轮廓线。

11 选择工具箱中的 "交互式调和工具"，将编辑节点后的图形拖动至步骤 8 绘制的图形上，使两个图形进行交互式调和，如图 39-10 所示。

图 39-10 设置图形调和效果

12 选择执行交互式调和命令后的图形，在属性栏中的 "步长或调和形状之间的偏移量" 参数栏中键入 40，单击 "对象和颜色加速" 按钮，打开 "加速" 面板，参照图 39-11 所示编辑加速滑块。

图 39-11 编辑加速滑块

13 最后需要绘制阴影。选择工具箱中的 "矩形工具"，在绘图页面内绘制一个任意矩形，选择新绘制的图形，在属性栏中的 "对象大小" 参数栏中键入 90，确定矩形的宽度，在 "对象大小" 参数栏中键入 80，确定矩形的高度，在属性栏中上部的 "左边矩形的边角圆滑度" 和 "右边矩形的边角圆滑度" 参数栏中均键入 38，调整后的矩形如图 39-12 所示。

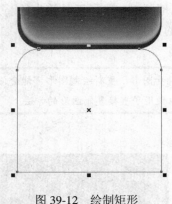

图 39-12 绘制矩形

14 将新绘制的矩形填充为 40%的黑色，并取消其轮廓线，如图 39-13 所示。

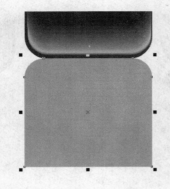

图 39-13 填充图形

15 选择工具箱中的 "交互式透明工具"，然后参照图 39-14 所示调整图形交互式透明效果。

图 39-14 设置图形透明效果

16 选择工具箱中的 "矩形工具"，在绘图页面内绘制一个任意矩形，选择新绘制的图形，在属性栏中的 "对象大小"参数栏中键入 84，确定矩形的宽度，在 "对象大小"参数栏中键入 75，确定矩形的高度，在属性栏中的上部的"左边矩形的边角圆滑度"和"右边矩形的边角圆滑度"参数栏中均键入 30，调整后的矩形如图 39-15 所示。

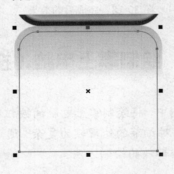

图 39-15 绘制矩形

17 将新绘制的矩形填充为 10%的黑色，并取消其轮廓线，如图 39-16 所示。

18 选择工具箱中的 "交互式透明工具"，然后参照图 39-17 所示调整图形的交互式透明效果。

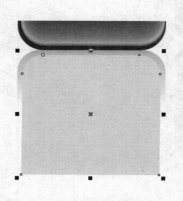

图 39-16　填充图形　　　　　　　　　　　　　　　　图 39-17　设置图形透明效果

　　[19] 现在本实例的制作就全部完成了，完成后的效果如图 39-18 所示。将本实例保存，以便在实例 40 中使用。

图 39-18　完成后的效果

实例 40　绘制掌上电脑（按钮和标志）

在本实例中，将绘制掌上电脑的按钮和标志部分，按钮和标志部分较为精致，对细节的处理较为复杂。通过本实例的学习，使读者了解按钮类的小部件的绘制方法。

在本实例中，首先需要使用绘制圆形并进行填充的方法，绘制摄像头，然后绘制按钮和按钮上的光泽，接下来绘制标志，并键入文本，完成掌上电脑的绘制。完成后的效果如图 40-1 所示。

图 40-1　掌上电脑效果

1 在"对象管理器"泊坞窗中单击 "新建图层"按钮，创建一个新图层——"图层 2"，将该图层命名为"按钮"，如图 40-2 所示。

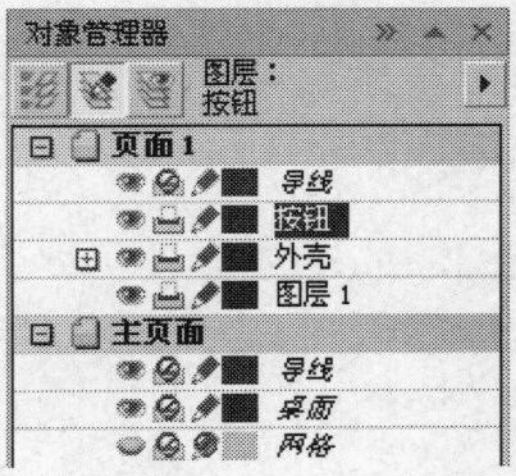

图 40-2　创建新图层

2 选择工具箱中的 "椭圆形工具"，在绘图页面内绘制一个任意圆形，选择新绘制 的图形，在属性栏中的 "对象大小"参数栏中键入 8，确定圆形的宽度，在 "对象大 小"参数栏中键入 8，确定圆形的高度，调整后的圆形如图 40-3 所示。

图 40-3　圆形效果

3 选择新绘制的圆形，将其填充为由 20% 的黑色到白色的线性渐变色，并取消其轮廓 线，如图 40-4 所示。

4 选择工具箱中的 "椭圆形工具"，在绘图页面内绘制一个任意圆形，选择新绘制 的图形，在属性栏中的 "对象大小"参数栏中键入 7，确定圆形的宽度，在 "对象大 小"参数栏中键入 7，确定圆形的高度，将其填充为黑色，并取消其轮廓线，调整后的圆形如图 40-5 所示。

图 40-4　填充圆形

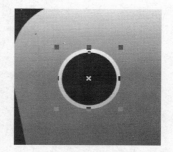
图 40-5　调整并填充后的圆形效果

5 选择工具箱中的 ○ "椭圆形工具"，在绘图页面内绘制一个任意圆形，选择新绘制的图形，在属性栏中的 ↔ "对象大小"参数栏中键入 5，确定圆形的宽度，在 ↕ "对象大小"参数栏中键入 5，确定圆形的高度，将其填充为 10%的黑色，并取消其轮廓线，调整后的圆形如图 40-6 所示。

6 选择工具箱中的 ⬚ "交互式调和工具"，将步骤 5 绘制的圆形拖动至步骤 4 绘制的圆形上，使两个图形进行交互式调和，如图 40-7 所示。

图 40-6　调整并填充后的内部圆形效果

图 40-7　设置图形调和效果

7 选择工具箱中的 ○ "椭圆形工具"，在绘图页面内绘制一个任意圆形，选择新绘制的图形，在属性栏中的 ↔ "对象大小"参数栏中键入 4，确定圆形的宽度，在 ↕ "对象大小"参数栏中键入 4，确定圆形的高度，将其填充为由黑色到白色的射线渐变色，并取消其轮廓线，如图 40-8 所示。

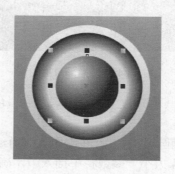
图 40-8　绘制并填充圆形

[8] 选择工具箱中的 □ "矩形工具"，在绘图页面内绘制一个任意矩形，选择新绘制的图形，在属性栏中的 ↔ "对象大小"参数栏中键入 14.5，确定矩形的宽度，在 ↕ "对象大小"参数栏中键入 5.5，确定矩形的高度，在属性栏中上部的"左边矩形的边角圆滑度"和"右边矩形的边角圆滑度"参数栏中均键入 50，调整后的矩形如图 40-9 所示。

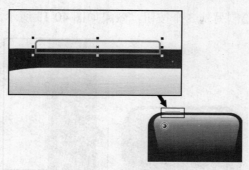

图 40-9　矩形效果

[9] 将新绘制的矩形填充为黑色，并取消其轮廓线，如图 40-10 所示。

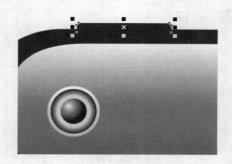

图 40-10　填充矩形

[10] 选择工具箱中的 □ "矩形工具"，在绘图页面内绘制一个任意矩形，选择新绘制的图形，在属性栏中的 ↔ "对象大小"参数栏中键入 12，确定矩形的宽度，在 ↕ "对象大小"参数栏中键入 1，确定矩形的高度，在属性栏中的上部的"左边矩形的边角圆滑度"和"右边矩形的边角圆滑度"参数栏中均键入 50，将新绘制的矩形填充为白色，并取消其轮廓线，调整后的矩形如图 40-11 所示。

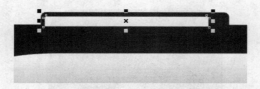

图 40-11　矩形效果

[11] 选择新绘制的矩形，选择工具箱中的 ♀ "交互式透明工具"，然后参照图 40-12 所示调整图形的交互式透明效果。

图 40-12　设置图形透明效果

12 使用同样的方法绘制另外 3 个按钮，效果如图 40-13 所示。

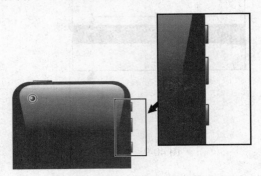

图 40-13　绘制另外 3 个按钮

13 在"对象管理器"泊坞窗单击 "新建图层"按钮，创建一个新图层——"图层 2"，将该图层命名为"标志"，如图 40-14 所示。

图 40-14　创建标志层

14 选择工具箱中的 ◯ "椭圆形工具"，在绘图页面内绘制一个任意圆形，选择新绘制的图形，在属性栏中的 ↔ "对象大小"参数栏中键入 19，确定圆形的宽度，在 ↕ "对象大小"参数栏中键入 19，确定圆形的高度，将其填充为由 90%的黑色到 20%的黑色的线性渐变色，并取消其轮廓线，如图 40-15 所示。

图 40-15　绘制并填充圆形

⑮ 选择工具箱中的 ◯ "椭圆形工具"，在绘图页面内绘制一个任意圆形，选择新绘制的图形，在属性栏中的 ⟷ "对象大小"参数栏中键入 17，确定圆形的宽度，在 ↕ "对象大小"参数栏中键入 17，确定圆形的高度，将其填充为由 80%的黑色到白色的线性渐变色，并取消其轮廓线，如图 40-16 所示。

图 40-16　绘制内部圆形

⑯ 选择工具箱中的 ◯ "椭圆形工具"，在绘图页面内绘制一个任意圆形，选择新绘制的图形，在属性栏中的 ⟷ "对象大小"参数栏中键入 16，确定圆形的宽度，在 ↕ "对象大小"参数栏中键入 16，确定圆形的高度，将其填充为由红色（C：10、M：100、Y：96、K：0）到白色的射线渐变色，并取消其轮廓线，如图 40-17 所示。

图 40-17　绘制中心圆形

⑰ 选择工具箱中的 ✎ "贝塞尔工具"，在如图 40-18 所示的位置绘制一个闭合路径。

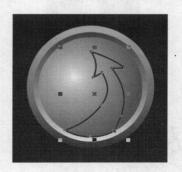

图 40-18　绘制路径

⑱ 选择新绘制的闭合路径，将其填充为由 40%的黑色到白色的线性渐变色，并取消其

轮廓线，如图40-19所示。

图40-19　填充路径

19 选择工具箱中的 字 "文本工具"，在绘图页面内单击确定文字的位置，在属性栏中的"字体列表"下拉选项栏中选择 BankGothic Md BT 选项，在"从上部的顶部到下部的底部的高度"参数栏中键入24，在如图40-20所示的位置键入"ELECTRON"文本，并将其设置为60%的黑色。

图40-20　键入文本

20 现在本实例的制作就全部完成了，完成后的效果如图40-21所示。如果读者在制作过程中遇到了什么问题，可以打开本书附带光盘中的"工业造型/实例39~40：绘制掌上电脑/绘制掌上电脑.cdr"文件，这是本实例完成后的文件。

图40-21　完成后的效果

第 5 篇

绘制插画

　　这一部分中，将指导读者使用各种工具配合来绘制不同风格的插画，插画包含的图形较多，且多为不规则图形，部分实例绘制难度较大，在绘制时使用了对象管理器泊坞窗，以便于绘制和管理。这部分实例是对前面讲解的知识点进行的整体回顾与巩固，通过这部分实例，可以加深读者对 CorelDRAW X4 中各种工具的理解，并了解使用 CorelDRAW X4 绘制复杂作品的方法。

实例 41 绘制水果静物（水果）

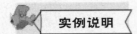
实例说明

在本实例和实例 42 中，将指导读者绘制水果静物，本实例将绘制水果部分和水果的阴影，为了实现水果表面颜色的平滑过渡，使用了交互式调和工具来调和图形。通过本实例的学习，使读者了解在 CorelDRAW X4 中水果图形和露珠的绘制方法。

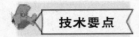
技术要点

在本实例中，首先使用钢笔工具绘制闭合路径，使用交互式填充工具填充图形，然后复制图形、调整图形的颜色并使用交互式调和工具进行调和，使用交互式透明工具调整图形的交互式透明效果并复制图形，最后再次使用交互式调和工具调和图形，设置高光效果和露珠效果，完成该实例的制作。完成后的效果如图 41-1 所示。

图 41-1 水果效果

1 运行 CorelDRAW X4，在运行界面上出现"快速入门"对话框。在该对话框中单击"新建空白文档"超链接，进入系统默认界面。

2 选择工具箱中的 ✎ "钢笔工具"，绘制一个如图 41-2 所示的闭合路径。

图 41-2 绘制路径

3 选择新绘制的闭合路径，将其命名为"水果 01"。将该图形填充为由淡绿色（C：11、M：1、Y：93、K：0）到绿色（C：44、M：9、Y：100、K：0）的射线渐变色，并取消其轮廓线，如图 41-3 所示。

4 将"水果 01"进行复制，复制后的图形命名为"水果 02"，然后将其进行缩放，将该图形填充为由黄色（C：3、M：7、Y：94、K：0）到绿色（C：34、M：8、Y：98、K：0）的射线渐变色，如图 41-4 所示。

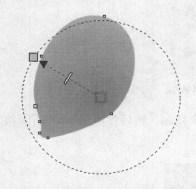

图 41-3 填充图形并取消其轮廓线

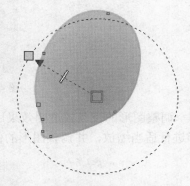

图 41-4 复制图形并进行调整

5 选择工具箱中的 "交互式调和工具"，将"水果 02"拖动至"水果 01"上，将两个图形进行交互式调和，如图 41-5 所示。

图 41-5 调和图形

6 选择工具箱中的 "椭圆形工具"，绘制一个椭圆，将其填充为绿色（C：55、M：17、Y：100、K：0），并取消其轮廓线，然后将其放置于如图 41-6 所示的位置。

图 41-6 绘制椭圆

7 选择新绘制的椭圆，选择工具箱中的 "交互式透明工具"，在属性栏中的"透明度类型"下拉选项栏中选择"射线"选项，然后参照图 41-7 所示调整图形的交互式透明效果。

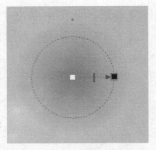

图 41-7　设置图形透明效果

8　调整图形的交互式透明效果后，将其进行多次复制，然后参照图 41-8 所示将复制后的图形进行适当缩放，并调整图形的位置。

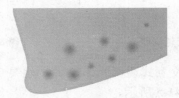

图 41-8　复制并调整图形的大小和位置

9　选择工具箱中的 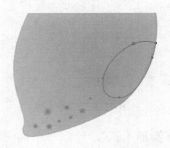 "钢笔工具"，在如图 41-9 所示的位置绘制一个闭合路径。

图 41-9　绘制路径

10　将新绘制的闭合路径命名为"路径 01"，将其填充为淡绿色（C：25、M：2、Y：91、K：0），并取消其轮廓线，如图 41-10 所示。

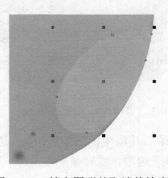

图 41-10　填充图形并取消其轮廓线

⓫ 选择"路径01",选择工具箱中的 ⎍ "交互式透明工具",在属性栏中的"不透明类型"下拉选项栏中选择"标准"选项,在"开始透明度"参数栏中键入 100,设置图形交互式透明效果。

⓬ 将"路径01"进行复制,将复制后的图形命名为"路径02",将其填充为深绿色(C:95、M:39、Y:99、K:7),设置其不透明度值为 70,并参照图 41-11 所示调整图形的大小和位置。

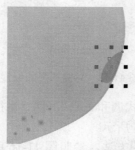

图 41-11 调整复制图形的大小和位置

⓭ 选择工具箱中的 ⌗ "交互式调和工具",将"路径02"拖动至"路径01"上,使两个图形进行交互式调和,如图 41-12 所示。

图 41-12 调和图形

⓮ 选择工具箱中的 ⌗ "钢笔工具",在如图 41-13 所示的位置绘制一个闭合路径。

图 41-13 绘制路径

⓯ 将新绘制的闭合路径命名为"高光01",将其填充为淡绿色(C:11、M:5、Y:93、K:0),取消其轮廓线。选择工具箱中的 ⎍ "交互式透明工具",在属性栏中的"透明度类型"下拉选项栏中选择"标准"选项,在"开始透明度"参数栏中键入 100。

16 选择工具箱中的 🖊 "钢笔工具"。绘制一个闭合路径，将其命名为 "高光 02"，设置其填充颜色为黄色，取消其轮廓线，并参照图 41-14 所示调整图形的位置。

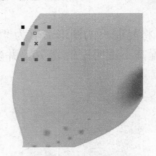

图 41-14　调整图形的位置

17 选择工具箱中的 🖌 "交互式调和工具"，将 "路径 02" 拖动至 "路径 01" 上，使两个图形进行交互式调和，如图 41-15 所示。

18 接下来使用上述设置高光的方法，参照图 41-16 所示设置另外一处高光。

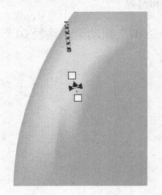

图 41-15　调和图形

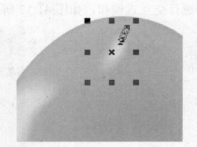

图 41-16　设置另一处高光

19 选择工具箱中的 ⬭ "椭圆形工具"，绘制一个椭圆，将其填充为绿色（C：20、M：6、Y：93、K：0），取消其轮廓线，并参照图 41-17 所示调整图形的位置。

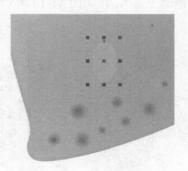

图 41-17　绘制椭圆

20 将新绘制的椭圆命名为 "椭圆 01"，选择工具箱中的 🖌 "交互式透明工具"，在属性栏中的 "透明度类型" 下拉选项栏中选择 "标准" 选项，在 "开始透明度" 参数栏中键入 100，设置图形的交互式透明效果。

21 将"椭圆 01"进行复制，将复制后的图形命名为"椭圆 02"，适当缩放图形，并将其填充为淡绿色（C：3、M：3、Y：33、K：0），选择工具箱中的 "交互式透明工具"，然后参照图 41-18 所示调整交互式透明效果。

为了使读者更为清楚地观察图像位置，"椭圆 01"以未设置交互式透明时的效果显示。

提示

图 41-18　设置图形透明效果

22 选择工具箱中的 "交互式调和工具"，将"椭圆 02"拖动至"椭圆 01"上，使两个图形进行交互式调和，如图 41-19 所示。

图 41-19　调和图形

23 选择工具箱中的 □ "矩形工具"，绘制一个矩形，将其填充为淡绿色（C：4、M：2、Y：25、K：0），取消其轮廓线，并参照图 41-20 所示调整图形的大小和位置。

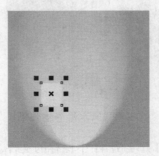

图 41-20　绘制矩形

24 现在本实例的制作就全部完成了，完成后的效果如图 41-21 所示。将该文件保存，以便在实例 42 中使用。

图 41-21 完成后的效果

实例 42 绘制水果静物（枝叶）

在本实例中，将继续实例 41 的练习，指导读者绘制枝叶，枝叶为不规则形状，主要使用了钢笔工具进行绘制。通过本实例的学习，使读者了解在 CorelDRAW X4 中钢笔工具和色彩平衡工具的应用方法。

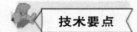

在本实例中，首先使用钢笔工具绘制叶片路径，填充路径，并使用交互式填充工具设置图形的射线填充效果，使用相交工具设置叶片的背面图形，然后进行填充，接下来绘制另外一边叶片，使用交互式阴影工具设置交互式阴影效果，使用交互式透明工具设置图形的透明效果，使用交互式调和工具调和图形，最后复制露珠图形，并使用色彩平衡工具调整图形的色调，完成本实例的制作。完成后的效果如图42-1 所示。

图 42-1 水果静物效果

1 运行 CorelDRAW X4，打开实例 41 中保存的文件。

2 选择工具箱中的 △ "钢笔工具"，在如图 42-2 所示的位置绘制一个闭合路径，并将其命名为"路径 01"。

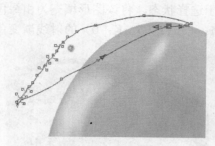

图 42-2　绘制路径

3 确定新绘制的闭合路径处于被选择状态,将该图形填充为由绿色(C:35、M:0、Y:97、K:0)到墨绿色(C:95、M:49、Y:96、K:21)的射线渐变色,取消其轮廓线,如图 42-3 所示。

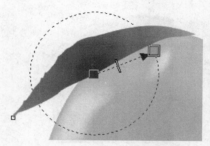

图 42-3　填充图形并取消其轮廓线

4 选择工具箱中的 ![钢笔工具] "钢笔工具",在如图 42-4 所示的位置绘制一个闭合路径,并将其命名为"路径 02"。

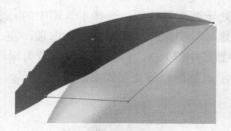

图 42-4　绘制路径

5 选择"路径 01"和"路径 02",在属性栏中单击 ![相交] "相交"按钮,使两图形进行相交,将相交后的图形命名为"路径 03",并删除"路径 02",如图 42-5 所示。

图 42-5　相交图形

6 确定"路径 03"处于选择状态，将该图形填充为由绿色（C：17、M：3、Y：89、K：0）到淡绿色（C：22、M：1、Y：95、K：0）的射线渐变色，如图 42-6 所示。

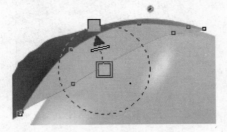

图 42-6　填充路径

7 选择工具箱中的 ![钢笔工具] "钢笔工具"，绘制一个如图 42-7 所示的闭合路径，将其命名为"叶子"。

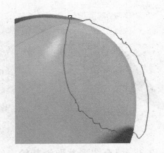

图 42-7　绘制叶子路径

8 将新绘制的"叶子"图形填充为深绿色（C：95、M：34、Y：99、K：4），并取消其轮廓线。

8 确定"叶子"图形处于被选择状态，选择工具箱中的 ![交互式阴影工具] "交互式阴影工具"，在属性栏中的"预设列表"下拉选项栏中选择"平面左下"选项，在"阴影的不透明"参数栏中键入 15，在"阴影羽化"参数栏中键入 5，将阴影颜色设置为绿色（C：78、M：97、Y：0、K：0），然后参照图 42-8 所示调整图形的交互式阴影效果。

图 42-8　设置图形阴影效果

10 选择工具箱中的 ![钢笔工具] "钢笔工具"，绘制一个闭合路径，将其命名为"叶面 01"。将其填充为绿色（C：91、M：27、Y：99、K：2），取消其轮廓线，并放置于如图 42-9 所示的位置。

11 选择工具箱中的 ☒ "交互式透明工具"，并选择"叶面01"，将其透明度类型设置为"标准"，将开始透明度设置为100。

12 选择工具箱中的 ☒ "钢笔工具"，绘制一个闭合路径，将其命名为"叶面02"。将其填充为淡绿色（C：29、M：0、Y：96、K：0），取消其轮廓线，并放置于如图42-10所示的位置。

图 42-9 绘制路径   图 42-10 绘制路径

13 确定"叶面02"处于被选择状态，选择工具箱中的 ☒ "交互式透明工具"，然后参照图 42-11 所示调整图形的交互式透明效果。

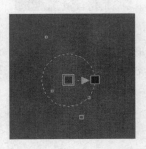

图 42-11 设置图形透明效果

14 选择工具箱中的 ☒ "交互式调和工具"，将"叶面02"拖动至"叶面01"上，使两个图形进行交互式调和，如图42-12所示。

图 42-12 调和图形

15 选择工具箱中的 ☒ "钢笔工具"，在如图 42-13 所示的位置绘制一个闭合路径，将其填充为绿色（C：62、M：14、Y：100、K：0），并取消其轮廓线。

图 42-13　绘制路径

16 接下来使用同样方法绘制另一个闭合路径，将其填充为墨绿色，并取消其轮廓线，如图 42-14 所示。

图 42-14　绘制路径

17 框选如图 42-15 所示的图形，其中包括"矩形"、"椭圆 01"和"椭圆 02"，然后执行"排列"/"群组"命令，将其进行群组，生成新图形，并将生成的新图形命名为"露珠"。

图 42-15　框选图形并进行群组

18 将"露珠"复制，并将复制后的图形命名为"小露珠"，然后参照图 42-16 所示调整该图形的大小和位置。

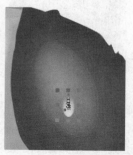

图 42-16　复制图形并调整其大小和位置

19　确定"小露珠"处于被选择状态，执行菜单栏中的"效果"/"调整"/"颜色平衡"命令，打开"颜色平衡"对话框。在"色频通道"选项组的"品红--绿"参数栏中键入100，如图42-17所示。

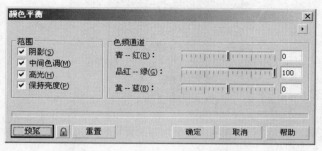

图42-17　"颜色平衡"对话框

20　在"颜色平衡"对话框中单击"确定"按钮，退出"颜色平衡"对话框，"小露珠"颜色发生了变化，如图42-18所示。

21　现在本实例的制作就全部完成了，完成后的效果如图 42-19 所示。如果读者在制作过程中遇到了什么问题，可以打开本书附带光盘中的"绘制插画/实例 41~42：绘制水果静物/绘制水果静物.cdr"文件，这是本实例完成后的文件。

图42-18　调整颜色后的图形效果

图42-19　完成后的效果

实例 43　绘制装饰画（背景）

在本实例中，将指导读者绘制装饰画的背景。通过本实例的学习，使读者逐步掌握在 CorelDRAW X4 中艺术笔工具绘制特殊图形的方法和渐变填充的方法。

在本实例中，首先使用对齐与分布工具将图形进行对齐，然后使用艺术笔工具绘制艺术笔图形，使用打散艺术笔群组工具打散艺术笔图形，接下来使用交互式填充工具设置图形的渐变填充效果，最后使用星形工具绘制星形图形，复制图形并调整各图形的大小和位置，完成该实例的制作。完成后的效果如图43-1所示。

图 43-1 装饰画的背景效果

1 运行 CorelDRAW X4，在运行界面上出现"快速入门"对话框。在该对话框中单击"新建空白文档"超链接，进入系统默认界面。

2 选择工具箱中的 □ "矩形工具"，在绘图页面内绘制一个任意矩形，选择新绘制的矩形，在属性栏中的 ↔ "对象大小"参数栏中键入 180，确定矩形的宽度，在 ↕ "对象大小"参数栏中键入 180，确定矩形的高度，调整后的矩形如图 43-2 所示。

图 43-2 矩形效果

3 选择新绘制的矩形，将其填充为灰色（C：0、M：0、Y：0、K：10），并取消其轮廓线。

4 选择工具箱中的 □ "矩形工具"，在绘图页面内绘制一个任意矩形，选择新绘制的矩形，在属性栏中的 ↔ "对象大小"参数栏中键入 110，确定矩形的宽度，在 ↕ "对象大小"参数栏中键入 145，确定矩形的高度。

5 选择工具箱中的 □ "矩形工具"，在绘图页面内绘制一个任意矩形，选择新绘制的矩形，在属性栏中的 ↔ "对象大小"参数栏中键入 105，确定矩形的宽度，在 ↕ "对象大小"参数栏中键入 140，确定矩形的高度。将其填充为桃红色（C：15、M：73、Y：4、K：0），并取消其轮廓线。

6 选择绘图页面内的 3 个矩形，在属性栏中单击 ❏ "对齐与分布"按钮，打开"对齐与分布"对话框。进入"对齐"面板，选择横排的"中"复选框和竖排的"中"复选框，如图 43-3 所示。

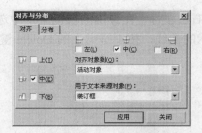

图 43-3 "对齐与分布"对话框

7 在"对齐与分布"对话框中单击"应用"按钮,确定所选图形居中对齐,单击"关闭"按钮,退出该对话框。居中对齐后的图形效果如图 43-4 所示。

图 43-4 对齐图形后的效果

8 选择工具箱中的  "艺术笔工具",在属性栏中单击 "喷罐"按钮,在"要喷涂的对象大小"参数栏中键入 60,在"喷涂列表文件列表"下拉选项栏中选择如图 43-5 所示的喷涂选项,在"选择喷涂顺序"下拉选项栏中选择"顺序"选项,在 "要喷涂的对象的小块颜色/间距"参数栏中键入 1,在 "要喷涂的对象的小块颜色/间距"参数栏中键入 20.0 mm。

图 43-5 设置艺术笔属性

9 参照图 43-6 所示拖动鼠标,绘制图形。

图 43-6 绘制图形

10 选择新绘制的图形，右击鼠标，在弹出的快捷菜单中选择"打散艺术笔群组"选项，打散图形。选择如图 43-7 所示的曲线，按下键盘上的 Delete 键，删除该曲线。

图 43-7　删除曲线

11 选择打散后的图形，执行菜单栏中的"排列"/"取消全部群组"命令，取消全部群组。

12 执行菜单栏中的"排列"/"结合"命令，将取消全部群组后的图形进行结合。

13 确定结合后的图形处于被选择状态，将该图形填充为由红色（C：6、M：38、Y：6、K：0）到白色的线性渐变色，如图 43-8 所示。

图 43-8　填充图形

14 选择工具箱中的 ☆ "星形工具"，在属性栏中的"多边形、星形和复杂星形的点数或边数"参数栏中键入 4，在"星形和复杂星形的锐度"参数栏中键入 50，在如图 43-9 所示的位置绘制一个星形图形。

图 43-9　绘制星形图形

15 选择新绘制的星形图形,将其填充为白色,并取消其轮廓线,如图 43-10 所示。

图 43-10 填充图形并取消其轮廓线

16 将星形图形进行多次复制,并参照图 43-11 所示调整复制图形的大小和位置。

图 43-11 调整复制图形的大小和位置

17 现在本实例的制作就全部完成了,完成后的效果如图 43-12 所示。将该文件保存,以便在实例 44 中使用。

图 43-12 完成后的效果

实例 44　绘制装饰画（前景）

 **实例说明**

在本实例中，将指导读者绘制装饰画的前景，绘制的图形由手臂、手镯、酒杯、瓶口和酒水五部分组成。通过本实例的学习，使读者了解在 CorelDRAW X4 中前减后工具对穿过某一物体的图形绘制方法。

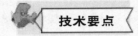 **技术要点**

在本实例中，首先使用钢笔工具绘制闭合路径，使用形状工具调整路径形态，并填充图形。然后使用前减后工具使前面图形减去后面图形，生成新图层，接下来填充图形，使用相交工具相交图形，最后使用钢笔工具绘制其他图形，并填充效果，完成该实例的制作。完成后的效果如图 44-1 所示。

图 44-1　装饰画效果

1 运行 CorelDRAW X4，打开实例 43 中保存的文件。

2 选择工具箱中的 🖊 "钢笔工具"，在如图 44-2 所示的位置绘制一个闭合路径。

图 44-2　绘制路径

3 确定新绘制的闭合路径处于被选择状态，将其命名为"手臂"，选择工具箱中的 🔧 "形状工具"，然后参照图 44-3 所示调整路径形态。

图 44-3　调整路径形状

4 调整路径形态后，将其填充为紫色（C：56、M：99、Y：1、K：0），并取消其轮廓线，如图 44-4 所示。

图 44-4　填充图形并取消其轮廓线

5 选择工具箱中的 "椭圆形工具"，在如图 44-5 所示的位置绘制一个椭圆。

图 44-5　绘制椭圆

6 将新绘制的椭圆进行复制，并将复制后的椭圆进行等比例缩放，如图 44-6 所示。

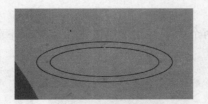

图 44-6　复制并缩放图形

7 选择两个椭圆，在属性栏中单击 "移除前面对象"按钮，修剪图形，并生成新图形。

8 确定生成的新图形处于被选择状态，将其命名为"手镯"，设置填充颜色为白色，并取消其轮廓线，如图 44-7 所示。

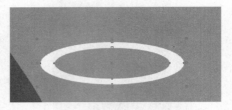

图 44-7　填充图形并取消其轮廓线

⑨ 填充图形后，参照图 44-8 所示调整该图形的位置和旋转角度。

图 44-8　调整图形的位置和旋转角度

⑩ 选择"手臂"和"手镯"图形，在属性栏中单击 ▣ "相交"按钮，使两个图形进行相交，并将相交后的图形命名为"手臂副本"。

⑪ 选择"手臂副本"图形，执行菜单栏中的"排列"/"顺序"/"向前一层"命令，将该图形置于前一层，如图 44-9 所示。

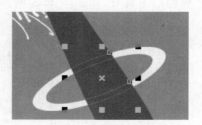

图 44-9　调整图形位置

⑫ 在"手臂副本"图形处右击鼠标，在弹出的快捷菜单中选择"打散手臂副本"选项，打散该图形。

⑬ 打散图形后，生成两个"手臂副本"图形，将处于下面的图形删除，使图形产生如图 44-10 所示的效果。

图 44-10　删除图形效果

14 选择工具箱中的 "钢笔工具"，在如图 44-11 所示的位置绘制一个闭合路径。

图 44-11 绘制路径

15 确定新绘制的闭合路径处于选择状态，将其命名为 "酒杯"，选择工具箱中的 "形状工具"，然后参照图 44-12 所示调整路径形态。

图 44-12 调整路径形态

16 调整路径形态后，将其填充为白色，并取消其轮廓线，如图 44-13 所示。

图 44-13 填充图形并取消其轮廓线

17 选择工具箱中的 "钢笔工具"，在如图 44-14 所示的位置绘制一个闭合路径。

图 44-14　绘制路径

18 确定新绘制的闭合路径处于选择状态，将其命名为"瓶口"，选择工具箱中的 ![icon] "形状工具"，然后参照图 44-15 所示调整路径形态。

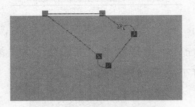

图 44-15　调整路径形态

19 调整路径形态后，将其填充为白色，并取消其轮廓线，如图 44-16 所示。

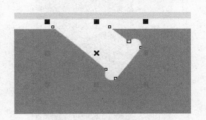

图 44-16　填充图形并取消其轮廓线

20 选择工具箱中的 ![icon] "钢笔工具"，在如图 44-17 所示的位置绘制一个闭合路径。

图 44-17　绘制路径

21 确定新绘制的闭合路径处于被选择状态，将其命名为"酒水"。选择工具箱中的 ![icon] "形状工具"，然后参照图 44-18 所示调整路径形态。

图 44-18　调整路径形态

22 调整路径形态后，将其填充为由白色到淡蓝色（C：27、M：1、Y：14、K：0）的射线渐变色，并取消其轮廓线，如图 44-19 所示。

图 44-19　填充图形并取消其轮廓线

23 使用上述绘制"酒水"图形的方法，绘制另一处酒水图形，将其填充为由白色到淡蓝色（C：34、M：1、Y：16、K：0）的射线过渡色，如图 44-20 所示。

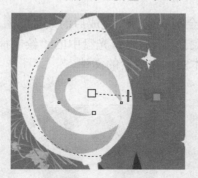

图 44-20　填充图形

24 选择工具箱中的 □ "矩形工具"，在绘图页面内绘制一个任意矩形，选择新绘制的图形，在属性栏中的 ⟷ "对象大小"参数栏中键入 102，确定矩形的宽度，在 ↕ "对象大小"参数栏中键入 138，确定矩形的高度，调整后的矩形如图 44-21 所示。

25 选择工具箱中的 □ "矩形工具"，在绘图页面内绘制一个任意矩形，选择新绘制的图形，在属性栏中的 ⟷ "对象大小"参数栏中键入 100，确定矩形的宽度，在 ↕ "对象大小"参数栏中键入 136，确定矩形的高度。

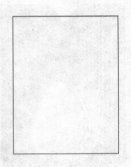

图 44-21　矩形效果

26 将新绘制的两个矩形居中对齐，在属性栏中单击 "移除前面对象" 按钮，修剪图形，并生成新图形。

27 选择生成的新图形，将其填充为白色，取消其轮廓线，将其拖动至如图 44-22 所示的位置。

图 44-22　调整图形位置

28 现在本实例的制作就全部完成了，完成后的效果如图 44-23 所示。如果读者在制作过程中遇到了什么问题，可以打开本书附带光盘中的 "绘制插画/实例 43~44：绘制装饰画/绘制装饰画.cdr" 文件，这是本实例完成后的文件。

图 44-23　完成后的效果

实例 45　绘制儿童插画（背景）

实例说明

在本实例和实例 46 中，将指导读者绘制一幅儿童插画。本实例中，将绘制儿童插画的背景部分，背景部分主要包括蓝天、太阳、云朵和花草等。通过本实例的学习，使读者了解在 CorelDRAW X4 中艺术笔工具的使用方法。

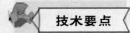
技术要点

在本实例中，首先使用矩形工具绘制背景，然后使用钢笔工具绘制太阳和云朵图形，使用艺术笔工具绘制花草，并通过对其属性的设置使其产生变化，完成背景部分的绘制。完成后的效果如图 45-1 所示。

图 45-1　儿童插画的背景效果

1 运行 CorelDRAW X4，在运行界面上出现"快速入门"对话框。在该对话框中单击"新建空白文档"超链接，进入系统默认界面。

2 选择工具箱中的 □ "矩形工具"，在绘图页面内绘制一个任意矩形，选择新绘制的图形，在属性栏中的 ↔ "对象大小"参数栏中键入 190，确定矩形的宽度，在 ↕ "对象大小"参数栏中键入 160，确定矩形的高度，调整后的矩形如图 45-2 所示。

图 45-2　矩形效果

3 选择新绘制的矩形，将其填充为由蓝色（C：66、M：0、Y：6、K：0）到白色的线性渐变色，并取消其轮廓线，如图 45-3 所示。

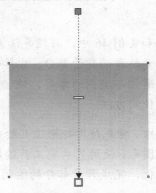

图 45-3　填充图形并取消其轮廓线

4 选择工具箱中的 🖊 "钢笔工具"，在如图 45-4 所示的位置绘制一个闭合路径。

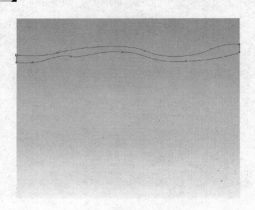

图 45-4　绘制路径

5 选择新绘制的路径，将其填充为白色，并取消其轮廓线。

6 确定填充后的图形处于被选择状态，选择工具箱中的 🍸 "交互式透明工具"，在属性栏中的"透明度类型"下拉选项栏中选择"标准"选项，在"开始透明度"参数栏中键入 60，调整后的图形效果如图 45-5 所示。

图 45-5　设置图形后的透明效果

7 选择工具箱中的 🖊 "钢笔工具"，在如图 45-6 所示的位置绘制一个闭合路径，并将其命名为"云彩"。

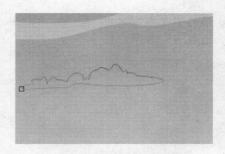

图 45-6 绘制云彩路径

8 选择新绘制的云彩路径，将其填充为白色，并取消其轮廓线。

9 确定填充后的图形处于被选择状态，选择工具箱中的 🍸 "交互式透明工具"，然后参照图 45-7 所示调整图形的交互式透明效果。

图 45-7 设置图形透明效果

10 接下来使用上述绘制云彩图形的方法，在如图 45-8 所示的位置绘制另一处云彩图形。

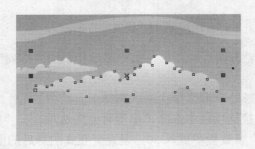

图 45-8 绘制另一处云彩图形

11 选择工具箱中的 ⚪ "椭圆形工具"，在如图 45-9 所示的位置绘制一个椭圆。

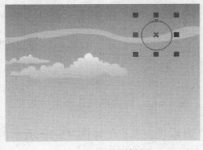

图 45-9 绘制椭圆

⚑ 选择新绘制的椭圆，将其填充为由黄色（C：4、M：4、Y：77、K：0）到白色的线性渐变色，并取消其轮廓线，如图45-10所示。

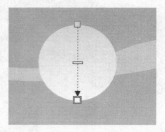

图45-10 填充图形并取消其轮廓线

⚑ 确定填充后的图形处于被选择状态，选择工具箱中的 🔲 "交互式轮廓图工具"，在属性栏中单击 ⊠ "向外"按钮，在"轮廓图步长"参数栏中键入4，在"轮廓图偏移"参数栏中键入3.0，单击 ⊙ "线性轮廓图颜色"按钮，将"轮廓颜色"设置为白色，将"填充色"设置为蓝色（C：36、M：1、Y：5、K：0），将"渐变填充结束色"设置为白色。设置后的效果如图45-11所示。

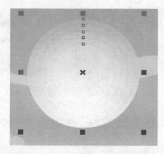

图45-11 设置后的效果

⚑ 选择设置交互式轮廓图后的图形，执行菜单栏中的"排列"/"群组"命令，将其进行群组。

⚑ 确定群组后的图形处于被选择状态，选择工具箱中的 🔲 "交互式阴影工具"，在属性栏中的"预设列表"下拉选项栏中选择"中等辉光"选项，在"阴影的不透明"参数栏中键入100，在"阴影羽化"参数栏中键入50。设置交互式阴影后的图形效果如图45-12所示。

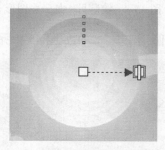

图45-12 设置图形阴影后的效果

⚑ 选择工具箱中的 🔲 "矩形工具"，在如图45-13所示的位置绘制一个矩形。

图 45-13　绘制矩形

17 选择新绘制的矩形，将其填充为由绿色（C：4、M：4、Y：77、K：0）到白色的线性渐变色，并取消其轮廓线，如图 45-14 所示。

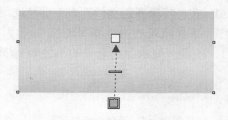

图 45-14　填充图形并取消其轮廓线

18 选择工具箱中的 ✎ "艺术笔工具"，在属性栏中单击 🖌 "喷罐"按钮，在"要喷涂的对象大小"参数栏中键入 80，在"喷涂列表文件列表"下拉选项栏中选择如图 45-15 所示的喷涂选项，在"选择喷涂顺序"下拉选项栏中选择"随机"选项，在 🔧 "要喷涂的对象的小块颜料/间距"参数栏中键入 1，在 🔧 "要喷涂的对象的小块颜料/间距"参数栏中键入 15.0 mm。

图 45-15　设置艺术笔属性

19 参照图 45-16 所示拖动鼠标，绘制图形。

图 45-16　绘制图形

20 使用上述方法，参照图 45-17 所示绘制其他的磨菇图形。

图 45-17　绘制其他的磨菇图形

21 选择工具箱中的 **"艺术笔工具"**，在属性栏中激活 **"喷罐"** 按钮，在"要喷涂的对象大小"参数栏中键入 80，在"喷涂列表文件列表"下拉选项栏中选择如图 45-18 所示的喷涂选项，在"选择喷涂顺序"下拉选项栏中选择"随机"选项，在 **"要喷涂的对象的小块颜料/间距"**参数栏中键入 1，在 **"要喷涂的对象的小块颜料/间距"**参数栏中键入 6.0 mm。

图 45-18　设置艺术笔属性

22 拖动鼠标，参照图 45-19 所示绘制三处草地图形。

图 45-19　绘制草地图形

23 现在本实例的制作就全部完成了，完成后的效果如图 45-20 所示。将该文件保存，以便在实例 46 中使用。

图 45-20　完成后的效果

实例 46　绘制儿童插画（前景）

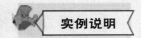
实例说明　在本实例中，将继续实例 45 的练习，指导读者绘制儿童插画的前景部分，儿童插画前景为一个卡通人物。通过本实例的学习，使读者了解到基础型绘制工具和钢笔工具的使用方法。

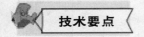
技术要点　在本实例中，首先使用椭圆工具绘制卡通人物头部，将其进行渐变填充，然后使用钢笔工具绘制头部装饰，并将其填充，接下来绘制并填充卡通人物的身体和四肢，完成儿童插画的绘制。完成后的效果如图 46-1 所示。

图 46-1　儿童插画效果

1 运行 CorelDRAW X4，打开实例 45 中保存的文件。

2 选择工具箱中的 ◯ "椭圆形工具"，在如图 46-2 所示的位置绘制一个椭圆。

图 46-2　绘制椭圆

3 在椭圆处右击鼠标，在弹出的快捷菜单中选择"转换为曲线"选项，将该图形转换为曲线。选择工具箱中的 ▶ "形状工具"，然后参照图 46-3 所示调整路径形态。

图 46-3　调整路径形状

4 调整路径形态后，将其填充为由紫色（C：43、M：99、Y：98、K：5）、红色（C：13、M：79、Y：96、K：0）和浅红色（C：0、M：73、Y：96、K：0）组成的射线渐变色，并取消其轮廓线，如图 46-4 所示。

图 46-4　填充图形并取消其轮廓线

5 选择工具箱中的 🖊 "钢笔工具"，在如图 46-5 所示的位置绘制一个闭合路径。

图 46-5　绘制路径

6 选择新绘制的闭合路径，将其填充为由紫色（C：43、M：99、Y：98、K：5）、红色（C：13、M：79、Y：96、K：0）和浅红色（C：0、M：73、Y：96、K：0）组成的射线渐变色，并取消其轮廓线，如图 46-6 所示。

图 46-6　填充图形并取消其轮廓线

7　将填充后的图形进行复制，选择复制后的图形，在属性栏中单击 **⊞** "水平镜像" 按钮，将所选图形进行水平镜像，并参照图 46-7 所示调整镜像后图形的位置和旋转角度。

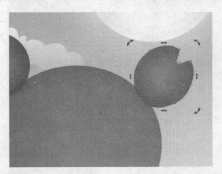

图 46-7　调整镜像后图形的位置和旋转角度

8　选择工具箱中的 ◯ "椭圆形工具"，在如图 46-8 所示的位置绘制一个椭圆。

图 46-8　绘制椭圆

8　选择新绘制的椭圆，将其填充为由紫色（C：36、M：100、Y：96、K：2）、红色（C：13、M：79、Y：96、K：0）和浅红色（C：2、M：73、Y：95、K：0）组成的射线渐变色，并取消其轮廓线，如图 46-9 所示。

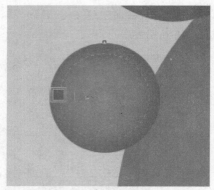

图 46-9　填充图形并取消其轮廓线

10 将填充后的图形进行复制，选择复制后的图形，然后参照图 46-10 所示调整图形的大小和位置。

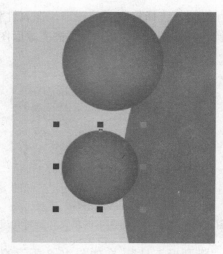

图 46-10　调整图形的大小和位置

11 选择两个椭圆，将其进行复制，将复制后的图形进行水平镜像，并参照图 46-11 所示调整镜像后图形的位置和旋转角度。

图 46-11　调整镜像后图形的位置和旋转角度

12 选择工具箱中的 "钢笔工具"，在如图 46-12 所示的位置绘制一个闭合路径。

图 46-12 绘制路径

13 选择新绘制的路径，将其填充为由黄色（C：4、M：9、Y：20、K：0）、白色和白色组成的射线渐变色，并取消其轮廓线，如图 46-13 所示。

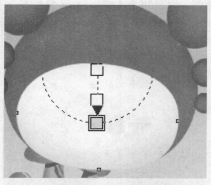

图 46-13 填充图形并取消其轮廓线

14 选择工具箱中的 ⬤ "椭圆形工具"，在如图 46-14 所示的位置绘制一个较大的椭圆。

15 选择新绘制的椭圆，将其填充为由深灰色（C：46、M：50、Y：46、K：2）、浅灰色（C：3、M：3、Y：3、K：0）和白色组成的射线渐变色，并取消其轮廓线，如图 46-15 所示。

图 46-14 绘制一个椭圆

图 46-15 填充图形并取消其轮廓线

16 选择工具箱中的 ⬤ "椭圆形工具"，在较大的椭圆内部绘制一个较小的椭圆。

17 选择较小的椭圆，将其填充为黑色，并取消其轮廓线，如图 46-16 所示。

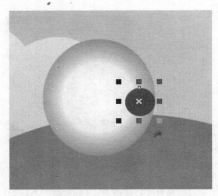

图 46-16　填充图形并取消其轮廓线

18　选择新绘制的两个椭圆，将其进行复制，选择复制后的图形，在属性栏中单击 🔳 "水平镜像"按钮，将所选图形进行水平镜像，并参照图 46-17 所示调整镜像后图形的位置。

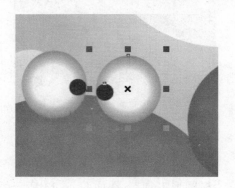

图 46-17　调整镜像后图形的位置

19　选择工具箱中的 ◯ "椭圆形工具"，在如图 46-18 所示的位置绘制一个椭圆。

20　将新绘制的椭圆命名为"眼睛"，将其填充为黑色，并取消其轮廓线，如图 46-19 所示。

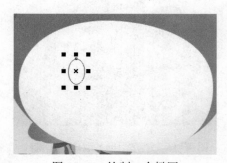

图 46-18　绘制一个椭圆

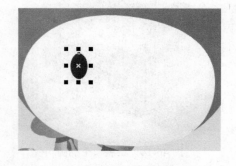

图 46-19　填充图形并取消其轮廓线

21　选择工具箱中的 ⬜ "矩形工具"，在"眼睛"内部绘制一个矩形，将其命名为"眼珠"，填充为白色，并取消其轮廓线，如图 46-20 所示。

22　选择"眼睛"和"眼珠"，将其进行复制，选择复制后的图形，进行水平镜像，并参照图 46-21 所示调整镜像后图形的位置和旋转角度。

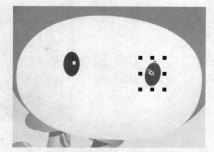

图 46-20　填充图形并取消其轮廓线　　　　　　图 46-21　调整镜像后图形的位置和旋转角度

23 选择工具箱中的 ◯ "椭圆形工具"，在眼睛底部绘制一个椭圆，如图 46-22 所示。

24 选择新绘制的椭圆，将其命名为"椭圆形 01"。将其填充为由橘黄色（C：15、M：61、Y：98、K：0）到黄色（C：6、M：30、Y：96、K：0）的射线渐变色，如图 46-23 所示。

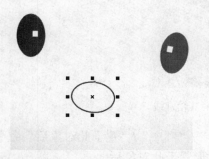

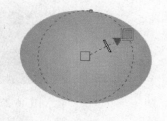

图 46-22　绘制椭圆　　　　　　　　　　图 46-23　填充图形并取消其轮廓线

25 填充图形后，将其复制，将复制后的图形命名为"椭圆形 02"。

26 选择"椭圆形 02"，将其填充为黄色，并参照图 46-24 所示调整图形的大小和位置。

27 选择工具箱中的 🔲 "交互式调和工具"，将"椭圆形 02"拖动至"椭圆形 01"上，使两个图形进行调和，如图 46-25 所示。

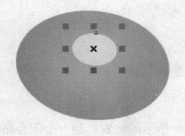

图 46-24　调整图形的大小和位置　　　　　　图 46-25　调和图形

28 选择工具箱中的  "钢笔工具",在如图 46-26 所示的位置绘制一个闭合路径。

图 46-26 绘制路径

29 选择新绘制的路径,将其填充为由橘黄色(C:5、M:55、Y:95、K:0)到黄色
(C:4、M:5、Y:88、K:0)的射线渐变色,并取消其轮廓线,如图 46-27 所示。

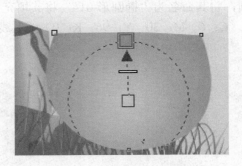

图 46-27 填充图形并取消其轮廓线

30 选择填充后的图形,执行菜单栏中的"排列"/"顺序"/"置于此对象后"命令,然
后在如图 46-28 所示的位置单击鼠标,确定选择的图形置于此对象后。

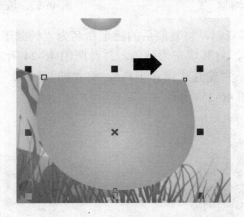

图 46-28 调整图形的位置

31 选择工具箱中的 "钢笔工具",在如图 46-29 所示的位置绘制一个闭合路径。

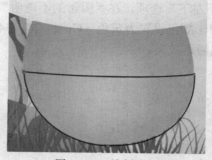

图 46-29　绘制路径

32 选择新绘制的路径，将其填充为由深红色（C：0、M：100、Y：100、K：0）、浅红色（C：3、M：95、Y：89、K：0）和淡粉色（C：3、M：24、Y：11、K：0）组成的射线渐变色，并取消其轮廓线，如图 46-30 所示。

图 46-30　填充图形并取消其轮廓线

33 选择工具箱中的 "钢笔工具"，在如图 46-31 所示的位置绘制一个闭合路径。

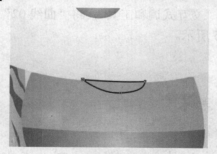

图 46-31　绘制路径

34 选择新绘制的路径，将其命名为"曲线 01"，将其填充为由白色到黄色（C：5、M：5、Y：13、K：0）的线性渐变色，并取消其轮廓线，如图 46-32 所示。

图 46-32　填充图形并取消其轮廓线

35 选择"曲线 01"，选择工具箱中的 "交互式阴影工具"，在属性栏中的"预设列表"下拉选项栏中选择"平面左下"选项，在"阴影的不透明"参数栏中键入 50，在"阴影羽化"参数栏中键入 6，将阴影颜色设置为黄色（C：1、M：34、Y：95、K：0），并参照图 46-33 所示调整图形的交互式阴影效果。

图 46-33　设置图形阴影效果

36 将"曲线 01"复制，将复制后的图形命名为"曲线 02"。

37 将"曲线 02"填充为灰色（C：16、M：24、Y：28、K：0），并参照图 46-34 所示调整图形的大小和位置。

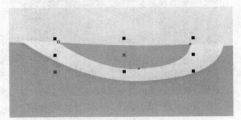

图 46-34　调整图形的大小和位置

38 选择工具箱中的 "交互式调和工具"，将"曲线 02"拖动至"曲线 01"上，使两个图形进行调和，如图 46-35 所示。

图 46-35　调和图形

39 选择工具箱中的 "钢笔工具"，在如图 46-36 所示的位置绘制一个闭合路径。

图 46-36　绘制路径

40 选择新绘制的路径，将其命名为"肩带"，将其填充为由深灰色（C：13、M：93、Y：93、K：0）、粉红色（C：3、M：87、Y：30、K：0）和淡粉色（C：3、M：24、Y：11、K：0）组成的线性渐变色，并取消其轮廓线，如图 46-37 所示。

图 46-37　填充图形并取消其轮廓线

41 选择填充后的图形，选择工具箱中的 "交互式阴影工具"，在属性栏中的"预设列表"下拉选项栏中选择"平面左下"选项，在"阴影的不透明"参数栏中键入 50，在"阴影羽化"参数栏中键入 5，将阴影颜色设置为深红色（C：25、M：100、Y：98、K：0），并参照图 46-38 所示调整图形的交互式阴影效果。

图 46-38　设置图形的阴影效果

42 选择工具箱中的 "椭圆形工具"，在肩带的底部绘制一个椭圆。

43 选择新绘制的椭圆，将其命名为"钮扣"，将其填充为由红色（C：0、M：100、Y：100、K：0）到深红色（C：36、M：100、Y：96、K：2）的射线渐变色，并取消其轮廓线，如图 46-39 所示。

图 46-39　填充图形并取消其轮廓线

44 选择填充后的图形，选择工具箱中的  "交互式阴影工具"，在属性栏中的"预设列表"下拉选项栏中选择"平面右下"选项，在"阴影的不透明"参数栏中键入50，在"阴影羽化"参数栏中键入5，将阴影颜色设置为深红色（C：58、M：96、Y：95、K：18），然后参照图 46-40 所示调整图形的交互式阴影效果。

图 46-40　设置图形阴影效果

45 使用上述绘制肩带和钮扣的方法，然后参照图 46-41 所示绘制右侧的肩带和钮扣。

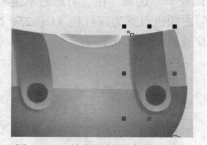

图 46-41　绘制右侧的肩带和钮扣

46 接下来需要绘制手臂图形。选择工具箱中的 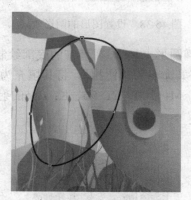 "钢笔工具"，在如图 46-42 所示的位置绘制一个闭合路径。

图 46-42　绘制路径

47 选择新绘制的闭合路径，将其命名为"曲线 03"，将其填充为橘黄色（C：5、M：55、Y：95、K：0），并取消其轮廓线，如图 46-43 所示。

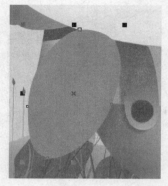

图 46-43 填充图形并取消其轮廓线

48 将"曲线 03"进行复制，选择复制后的图形，将其命名为"曲线 04"，进行等比例缩放，将其填充为由橘黄色（C：0、M：100、Y：100、K：0）到黄色（C：36、M：100、Y：96、K：2）的射线渐变色，并取消其轮廓线，如图 46-44 所示。

图 46-44 填充图形并取消轮廓线

49 选择工具箱中的 "交互式调和工具"，将"曲线 04"拖动至"曲线 03"上，使两个图形进行调和，如图 46-45 所示。

图 46-45 调和图形

50 选择工具箱中的 "钢笔工具"，在如图 46-46 所示的位置绘制一个闭合路径。

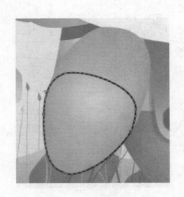

图 46-46　绘制路径

51 选择新绘制的路径，将其命名为"曲线 05"。选择工具箱中的 ⬦ "交互式填充工具"，将其填充为由淡紫色（C：16、M：33、Y：22、K：0）、淡红色（C：5、M：13、Y：9、K：0）和白色组成的射线渐变色，并取消其轮廓线，如图 46-47 所示。

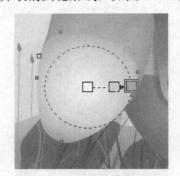

图 46-47　填充图形并取消其轮廓线

52 将"曲线 05"进行复制，选择复制后的图形，将其命名为"曲线 06"，等比例缩放图形，将其填充为白色，如图 46-48 所示。

53 选择工具箱中的 ▣ "交互式调和工具"，将"曲线 06"拖动至"曲线 05"上，使两个图形进行调和，如图 46-49 所示。

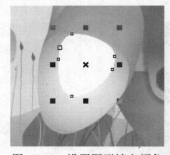

图 46-48　设置图形填充颜色

图 46-49　调和图形

54 选择手臂图形，执行菜单栏中的"排列"/"顺序"/"置于此对象后"命令，在如图 46-50 所示的位置单击鼠标，确定图形置于此对象后。

55 使用上述绘制左侧手臂的方法，然后参照图 46-51 所示绘制其他的四肢图形。

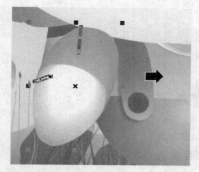

图 46-50　调整图形位置

图 46-51　绘制其他四肢图形

56 现在本实例的制作就全部完成了，完成后的效果如图 46-52 所示。如果读者在制作
过程中遇到了什么问题，可以打开本书附带光盘中的"绘制插画/实例 45~46：绘制儿童插画
/绘制儿童插画.cdr"文件，这是本实例完成后的文件。

图 46-52　完成后的效果

实例 47　绘制清新风格插画（背景）

在本实例中，将指导读者绘制清新风格插画，由于该插画的背景和前
景制作较为复杂，因此将插画分为 4 个实例进行讲述。本实例中主要
绘制插画的背景，通过本实例的学习，使读者了解滴管和颜料桶工具
的使用方法。

在本实例中，首先使用矩形工具绘制出背景的底纹，然后使用转换为
曲线工具将矩形转换为曲线，调整转换后图形的形态，并应用旋转工
具使其沿同一个坐标轴旋转，形成光芒效果；在绘制草地图形时，首
先绘制一个椭圆形作为基础型，然后将其转换为曲线，应用涂抹笔刷
工具编辑图形边缘，绘制出草丛图形，应用贝塞尔工具绘制底部的草
地图形，最后应用滴管和颜料桶工具填充该图形，完成本实例的制作。
完成后的效果如图 47-1 所示。

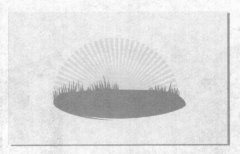

图 47-1　清新风格插画背景

1 运行 CorelDRAW X4，在运行界面上出现"快速入门"对话框。在该对话框中单击"新建空白文档"超链接，进入系统默认界面。

2 在属性栏中的"纸张类型/大小"下拉选项栏中选择"自定义"选项，在 □ "纸张宽度"参数栏中键入 1280.0 mm，确定纸张的宽度，在 I□ "纸张高度"参数栏中键入 800.0 mm，确定纸张的高度，如图 47-2 所示。

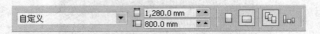

图 47-2　设置纸张的尺寸

3 设置了纸张的尺寸后，绘图页面会产生相应变化，如图 47-3 所示。

图 47-3　设置绘图页面后的效果

4 选择工具箱中的 □ "矩形工具"，在绘图页面内绘制任意一个矩形，选择新绘制的图形，在属性栏中的 ↔ "对象大小"参数栏中键入 1280，确定矩形的宽度，在 ↕ "对象大小"参数栏中键入 800，确定矩形的高度。调整后的矩形如图 47-4 所示。

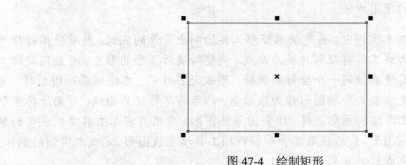

图 47-4　绘制矩形

5 确定绘制的矩形处于选择状态，执行菜单栏中的"排列"/"对齐与分布"/"在页面居中"命令，使矩形与绘制页面的中心对齐，如图 47-5 所示。

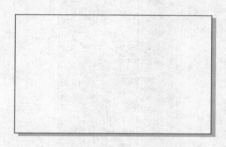

图 47-5　设置对齐

6 将绘制的矩形填充为浅黄色（C：2、M：1、Y：5、K：0），并取消其轮廓线。

7 再次选择工具箱中的□"矩形工具"，在绘图页面内绘制一个矩形，选择新绘制的图形，在属性栏中的↔"对象大小"参数栏中键入 355，确定矩形的宽度，在↕"对象大小"参数栏中键入 20，确定矩形的高度。

8 确定新绘制的矩形处于选择状态，右击矩形内部，在弹出的快捷菜单中选择"转换为曲线"选项，将矩形转换为曲线。

8 选择工具箱中的↖"形状工具"，然后参照图 47-6 所示调整图形形态。

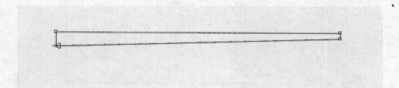

图 47-6　调整图形形态

10 将调整后的矩形填充为浅黄色（C：5、M：2、Y：20、K：0），并取消其轮廓线。

11 执行菜单栏中的"窗口"/"泊坞窗"/"变换"/"旋转"命令，打开"变换"泊坞窗。在"角度"参数栏中键入–5.0，确定旋转的角度，选择如图 47-7 所示的复选框，使中心点移动到图形右侧的中心位置，然后单击"应用到再制"按钮，进行再制操作。

提示

当工具箱中的"形状工具"处于激活状态时，"变换"泊坞窗中的相关参数不能被编辑，这时读者需要切换到"挑选工具"状态中。

注意

当读者需要旋转一个图形时，可以在"角度"参数栏中键入相应的数值，并按 Enter 键，这时图形就产生了旋转效果；也可以在"角度"参数栏中键入相应数值，并单击底部的"应用"按钮，图形同样可以进行旋转操作。但是，当读者需要使用"旋转"工具旋转复制图形，并且保持原图形的角度不变时，只需要在"角度"参数栏中键入相应数值，直接单击"应用到再制"按钮，进行复制图形操作。

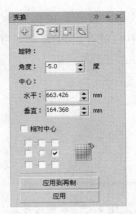

图 47-7 设置角度和中心点位置

12 多次单击"变换"泊坞窗内的"应用到再制"按钮，进行再制图形操作，如图 47-8 所示。

图 47-8 进行再制图形操作

13 接下来绘制草地图形。为使绘制工作更具条理性，接下来需要启用"对象管理器"泊坞窗创建图层。执行菜单栏中的"窗口"/"泊坞窗"/"对象管理器"命令，打开"对象管理器"泊坞窗。在该泊坞窗中选择"图层 1"选项，并将其命名为"背景"。

14 在"对象管理器"泊坞窗中单击  "新建图层"按钮，创建一个新图层——"图层 1"，并将其命名为"草地"，如图 47-9 所示。

图 47-9 创建并命名图层

15 选择工具箱中的 ○ "椭圆形工具"，在如图 47-10 所示的位置绘制一个椭圆。

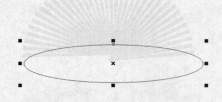

图 47-10 绘制一个椭圆

16 确定椭圆处于选择状态，右击椭圆内部，在弹出的快捷菜单中选择"转换为曲线"选项，将椭圆转换为曲线。

17 选择工具箱中的 ❖ "形状工具"，然后参照图 47-11 所示调整图形形态。

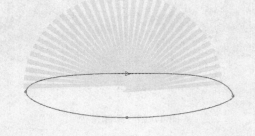

图 47-11 调整图形形态

18 将调整后的椭圆填充为绿色（C：31、M：3、Y：89、K：0），并取消其轮廓线。

19 在工具箱中单击 ❖ "形状工具"下拉按钮，在弹出的下拉按钮中选择 ✎ "涂抹笔刷"选项，在属性栏中的"笔尖大小"参数栏中键入 30.0 mm，在"在效果中添加水分浓度"参数栏中键入 10，在"为斜移设置输入固定值"参数栏中键入 15.0º，如图 47-12 所示。

图 47-12 设置属性栏中的相关参数

20 在椭圆图形顶部向上涂抹，产生单个草图型，如图 47-13 所示。

图 47-13 使用"涂抹笔刷"工具编辑草图型

21 在属性栏中适当设置"笔尖大小"、"在效果中添加水分浓度"和"为斜移设置输入固定值"等参数,然后参照图 47-14 所示绘制出其他草图型。

图 47-14　绘制出其他草图型

22 选择工具箱中的 ✎ "贝塞尔工具",在如图 47-15 所示的位置绘制一个闭合路径。

图 47-15　绘制路径

23 选择工具箱中的 ✐ "滴管工具",单击草地图形,吸取该图形的颜色,如图 47-16 所示。

图 47-16　吸取草地图形的颜色

24 在工具箱中单击 ✐ "滴管工具"下拉按钮,在弹出的下拉按钮中选择 ◇ "颜料桶"选项,在新绘制的闭合路径内单击鼠标,填充该路径,如图 47-17 所示。

图 47-17　使用"颜料桶"工具填充路径

25 取消新绘制图形的轮廓线，如图 47-18 所示。

图 47-18 取消其轮廓线后的图形效果

26 现在本实例的制作就全部完成了，完成后的效果如图 47-19 所示。将本实例保存，以便在实例 48 中使用。

图 47-19 完成后的效果

实例 48 绘制清新风格插画（人物）

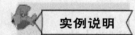

在本实例中，将指导读者绘制清新风格插画的人物图形，人物图形包括身体、头发和发卡等多个不规则图形，因此在绘制时多次应用了钢笔工具、贝塞尔工具和手绘工具。通过本实例的学习，可以加深读者对这些随机绘制工具的使用，并能够绘制出一些复杂的图形。

在本实例中，首先应用贝塞尔工具绘制出人物的身体图形，应用交互式阴影工具绘制出人物的阴影图形；应用钢笔工具绘制出头发、嘴唇和阴影图形，应用交互式透明工具使嘴唇图形呈现半透明效果，以符合插画整体色调；使用手绘工具绘制出发卡图形，最后通过交互式调和工具使发卡表面产生光泽效果，完成本实例的制作。完成后的效果如图 48-1 所示。

图 48-1 　清新风格插画人物效果

[1] 打开实例 47 中保存的文件，在"对象管理器"泊坞窗中单击 "新建图层"按钮，创建一个新图层——"图层 1"，并将其命名为"人物"。

[2] 选择工具箱中的 "贝塞尔工具"，在绘制页面内绘制一个如图 48-2 所示的人物外形的闭合路径。

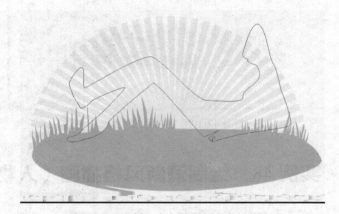

图 48-2 　绘制一个人物外形的闭合路径

[3] 选择工具箱中的 "形状工具"，然后参照图 48-3 所示编辑新绘制的人物外形路径。

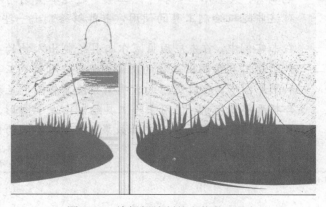

图 48-3 　编辑新绘制的人物外形路径

4　再次使用工具箱中的　"贝塞尔工具"，在如图 48-4 所示的位置绘制出身体与胳膊形成的镂空图形。

图 48-4　绘制镂空图形

5　选择工具箱中的　"挑选工具"，在绘图页面内选择新绘制的两个路径，在属性栏中单击　"移除前面对象"按钮，修剪后的路径如图 48-5 所示。

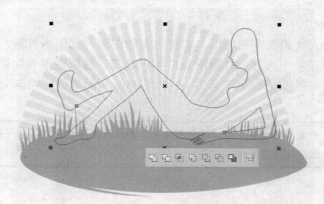

图 48-5　修剪后的路径效果

6　将当前编辑的路径填充为浅黄色（C：5、M：8、Y：22、K：0），设置路径轮廓线为黄色（C：9、M：11、Y：29、K：0），设置路径线宽为 0.25 mm，如图 48-6 所示。

图 48-6　填充路径并设置轮廓线

7 接下来使用"交互式阴影工具"绘制出人物的阴影图形。选择工具箱中的  "交互式阴影工具",在图形处拖动鼠标,这时在图形的周围产生阴影效果,在属性栏中的"阴影角度"参数栏中键入 84,"阴影的不透明"参数栏中键入 39,在"阴影羽化"参数栏中键入 1,设置阴影颜色为深灰色(C:59、M:15、Y:0、K:100),如图 48-7 所示。

图 48-7 设置阴影效果

8 为方便绘制人物的头发和服饰,需要将人物图形与其阴影打散。在阴影图形上右击鼠标,在弹出的快捷菜单中选择"打散阴影群组"选项,打散图形和阴影。

9 选择工具箱中的 "钢笔工具",在如图 48-8 所示的位置绘制一个头发路径。

由于人物的头发和眼睛都是相同的颜色设置,并且两图形紧密拼接在一起,因此作者将绘制一个头发和眼睛的组合图形。

提示

图 48-8 绘制一个头发路径

10 将头发路径填充为黑色,并取消其轮廓线,如图 48-9 所示。

图 48-9　填充头发路径并取消其轮廓线

11　绘制嘴唇图形。选择工具箱中的 ⬛ "钢笔工具"，沿人物图形的嘴巴绘制一个嘴唇路径，如图 48-10 所示。

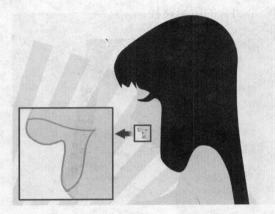

图 48-10　绘制一个嘴唇路径

12　将嘴唇路径填充为洋红色（C：0、M：100、Y：0、K：0），并取消其轮廓线，如图 48-11 所示。

图 48-11　填充嘴唇路径并取消其轮廓线

13　选择工具箱中的 ⬛ "交互式透明工具"，在属性栏中的"透明度类型"下拉选项栏中选择"标准"选项，在"开始透明度"参数栏中键入 71，以确定图形透明的程度，如图 48-12 所示。

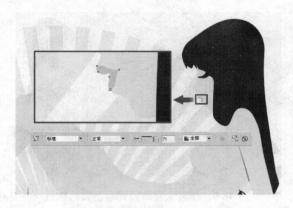

图 48-12　设置图形透明效果

14 下面绘制胳膊投射到身体上的阴影图形。选择工具箱中的 "贝塞尔工具"，在如图 48-13 所示的位置绘制一个闭合的阴影路径。

图 48-13　绘制路径

15 将新绘制的闭合路径填充为红棕色（C：42、M：51、Y：56、K：1），并取消其轮廓线，如图 48-14 所示。

图 48-14　填充阴影路径并取消其轮廓线

16 下面绘制发卡图形，选择工具箱中的 "手绘工具"，在如图 48-15 所示的位置绘制一个闭合路径。

由于头发图形为黑色，并且在默认情况下绘制路径的轮廓线也为黑色，读者很难看到新绘制路径的形状，所以对路径的轮廓线颜色进行了相应调整。

图 48-15　绘制路径

17　将新绘制的闭合路径填充为红色（C：16、M：100、Y：97、K：0），设置路径轮廓线为深红色（C：33、M：100、Y：98、K：1），设置路径线宽为 0.2 mm，如图 48-16 所示。

18　再次使用工具箱中的 "手绘工具"，在如图 48-17 所示的位置绘制一个闭合路径。

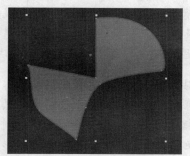

图 48-16　填充路径并设置轮廓线

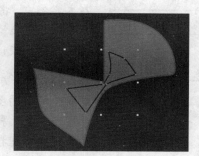

图 48-17　绘制路径

19　将新绘制的路径填充为浅红色（C：9、M：78、Y：80、K：0），并取消其轮廓线，如图 48-18 所示。

20　选择工具箱中的 "交互式调和工具"，单击步骤 18 绘制的图形，将其拖动至步骤 16 绘制的图形上，使两个图形进行调和，如图 48-19 所示。

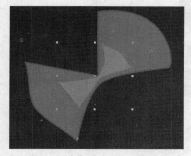

图 48-18　填充路径并取消轮廓线

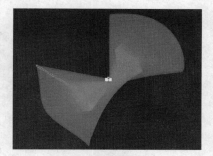

图 48-19　调和图形

21　现在本实例的制作就全部完成了，完成后的效果如图 48-20 所示。将本实例保存，以便在实例 49 中使用。

图 48-20　完成后的效果

实例 49　绘制清新风格插画（服饰）

在本实例中，将指导读者绘制清新风格插画中的服饰图形，服饰图形包括上衣、长筒袜、裙子，以及装饰带等多个不规则图形。通过本实例的学习，使读者进一步了解图样填充、修剪工具的使用方法。

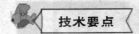

在本实例中，首先应用手绘工具绘制出上衣图形，应用贝塞尔工具绘制用于修剪的图形，通过修剪前面对象工具修剪出长筒袜的黑色和紫色图形；应用手绘工具绘制出裙子图形，并通过复制操作绘制出其他两个衬布和裙摆图形，应用交互式透明工具使衬布和裙摆图形产生半透明效果，最后应用钢笔工具绘制出装饰带图形，完成本实例的制作。完成后的效果如图 49-1 所示。

图 49-1　清新风格插画中的服饰效果

1 打开实例 48 中保存的文件，在"对象管理器"泊坞窗中单击 "新建图层"按钮，创建一个新图层——"图层 1"，并将其命名为"服饰"。

2 选择工具箱中的 "手绘工具"，在如图 49-2 所示的位置绘制一个上衣路径。

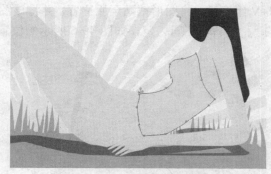

图 49-2 绘制一个上衣路径

3 在工具箱中单击 "填充"下拉按钮，在弹出的下拉按钮中选择"图样填充"选项，打开"图样填充"对话框，选择如图 49-3 所示的填充样式。

4 选择填充样式后，将"前部"颜色设置为白色，"后部"颜色设置为黑色，在"宽度"参数栏中键入 20.0 mm，在"高度"参数栏中键入 20.0 mm，其他参数使用默认设置，如图 49-4 所示。

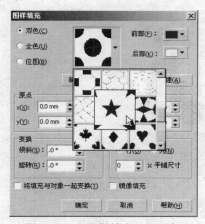

图 49-3 "图样填充"对话框

图 49-4 设置"图样填充"对话框中的相关参数

5 单击"图样填充"对话框中的"确定"按钮，退出"图样填充"对话框，填充后的效果如图 49-5 所示。

图 49-5 填充后的效果

6 下面绘制长筒袜的黑色图形。为了使新绘制的图形能够与身体图形更好地吻合，下面需要使用修剪工具来绘制该图形。确定身体图形处于选择状态，按下键盘上的 **Ctrl+C** 组合键，复制图形；按下 **Ctrl+V** 组合键，将图形粘贴至原位置，并将该图层放置在"服饰"层中。

7 选择工具箱中的 ✎ "贝塞尔工具"，在如图 49-6 所示的位置绘制一个闭合路径。

图 49-6　绘制路径

8 选择工具箱中的 ➢ "挑选工具"按钮，在绘图页面内选择复制的身体图形和新绘制的路径，在属性栏中单击 ➰ "移除前面对象"按钮，修剪后的路径如图 49-7 所示。

图 49-7　修剪后的路径效果

9 将修剪后的图形填充为黑色，并取消其轮廓线，如图 49-8 所示。

图 49-8　填充图形并取消其轮廓线

10 下面绘制长筒袜的彩色图形，该图形同样需要使用修剪工具来绘制。前面介绍了使用 Ctrl+C 组合键和 Ctrl+V 组合键，原地复制图形的方法，下面作者将指导读者使用泊坞窗原地复制图形。确定长筒袜黑色图形处于选择状态，在"变换"泊坞窗中激活 + "位置"按钮，进入"位置"编辑窗口。在编辑窗口底部单击"应用到再制"按钮，原地复制图形，如图 49-9 所示。

图 49-9 单击"应用到再制"按钮

11 选择工具箱中的 "贝塞尔工具"，在如图 49-10 所示的位置绘制 13 个闭合路径。

提示

为方便读者看到修剪图形的形态，作者为路径填充了颜色。

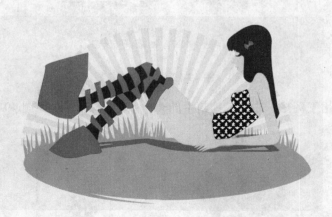

图 49-10 绘制 13 个闭合路径

12 选择工具箱中的 "挑选工具"按钮，在绘图页面内选择复制的长筒袜黑色图形和步骤 11 中绘制的所有路径，在属性栏中单击 "移除前面对象"按钮，修剪后的路径如图 49-11 所示。

为了使读者更直观地看到修剪后的图形效果，作者将修剪后的图形填充为白色。

提示

图 49-11　修剪后的路径效果

13　将修剪后的所有图形填充为暗蓝光紫色（C：20、M：40、Y：0、K：20），如图 49-12
所示。

图 49-12　填充图形

14　下面绘制裙子图形。选择工具箱中的　"手绘工具"，在如图 49-13 所示的位置绘制
一个闭合路径。

图 49-13　绘制路径

15 将新绘制的闭合路径填充为黑色，并取消其轮廓线，如图 49-14 所示。

图 49-14 填充图形并取消其轮廓线

16 下面绘制裙子的衬布图形。确定裙子图形处于选择状态，按下键盘上的 Ctrl+C 组合键，复制图形。

17 将复制产生的衬布图形填充为土橄榄色（C：0、M：0、Y：20、K：60），设置路径轮廓线为黑色，设置路径线宽度为 0.2 mm，如图 49-15 所示。

图 49-15 填充图形并设置轮廓线

18 执行菜单栏中的"排列"/"顺序"/"向后一层"命令，将复制产生的图形放置在原图形的底部，然后参照图 49-16 所示调整该图形的形态。

图 49-16 调整图形的形态

18 选择工具箱中的  "交互式透明工具"，在属性栏中的"透明度类型"下拉选项栏中选择"标准"选项，在"开始透明度"参数栏中键入 30，以确定图形透明的程度，如图 49-17 所示。

图 49-17 设置图形透明度效果

20 绘制裙子的裙摆图形。确定衬布图形处于选择状态，按下键盘上的 Ctrl+C 组合键，复制图形，并使用黑色填充复制产生的图形。

21 确定复制产生的图形处于选择状态，选择工具箱中的  "形状工具"，然后参照图 49-18 所示调整图形形态。

图 49-18 调整图形形态

22 选择裙摆图形，选择工具箱中的 "交互式透明工具"，在属性栏中的"开始透明度"参数栏中键入 45，如图 49-19 所示。

图 49-19 设置"开始透明度"参数

23 下面为裙子绘制装饰图形。首先绘制白色的装饰条纹，选择工具箱中的 "手绘工具"，在如图 49-20 所示的位置绘制一个闭合路径。

图 49-20　绘制路径

24 将新绘制的图形填充为白色，并取消其轮廓线，如图 49-21 所示。

图 49-21　填充路径并取消其轮廓线

25 选择工具箱中的 "艺术笔工具"，在属性栏中激活 "喷罐"按钮，在"喷涂列表文件列表"下拉选项栏中选择 选项，参照图 49-22 所示绘制图形。

图 49-22　绘制图形

26 选择工具箱中的 ⬚ "钢笔工具"，在如图 49-23 所示的位置绘制一个闭合路径。

图 49-23　绘制路径

27 将新绘制的图形填充为黑色，并取消其轮廓线，如图 49-24 所示。

图 49-24　填充路径并取消其轮廓线

28 最后创建上衣后面的装饰带图形。选择工具箱中的 ⬚ "钢笔工具"，在如图 49-25 所示的位置绘制一个开放路径。

图 49-25　绘制一个开放路径

28 将开放路径的轮廓线宽设置为 1.5 mm，如图 49-26 所示。

图 49-26　设置轮廓线宽度的效果

30 现在本实例的制作就全部完成了，完成后的效果如图 49-27 所示。将本实例保存，以便在实例 50 中使用。

图 49-27　完成后的效果

实例 50　绘制清新风格插画（处理细节）

 在本实例中，将指导读者处理清新风格插画的细节部分，该部分包括对草丛进行一些修饰，使草丛显得更具美感，还在插画上添加了一些文本突出主题文字。通过本实例的学习，使读者了解沿路径排列文字工具的使用方法，并能够熟练应用泊坞窗的相关工具。

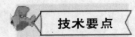 在本实例中，首先应用涂抹笔刷工具绘制出草丛图形；使用钢笔工具绘制藤蔓、花蕊和单个花瓣图形，应用泊坞窗中的旋转工具绘制出其他 4 个花瓣图形；应用文本沿路径排列工具绘制出弧形排列的文本，最后应用文本工具添加主题文字，并通过打散美术字工具打散文本，使文本随机排列。完成后的效果如图 50-1 所示。

图 50-1 清新风格插画效果

1 打开实例 49 中保存的文件，在"对象管理器"泊坞窗中单击 ![图标] "新建图层"按钮，创建一个新图层——"图层 1"，并将其命名为"细节"。

2 首先绘制人物前面的草丛图形，选择工具箱中的 ![图标] "椭圆形工具"，在如图 50-2 所示的位置绘制一个椭圆。

图 50-2 绘制一个椭圆

3 确定椭圆处于选择状态，右击椭圆内部，在弹出的快捷菜单中选择"转换为曲线"选项，将椭圆转换为曲线。

4 选择工具箱中的 ![图标] "形状工具"，然后参照图 50-3 所示调整图形形态。

图 50-3 调整图形形态

5 将当前编辑的椭圆填充为绿色（C：31、M：3、Y：89、K：0），并取消其轮廓线。

6 选择工具箱中的 ✐ "涂抹笔刷" 工具，在属性栏中适当设置 "笔尖大小"、"在效果中添加水分浓度" 和 "为斜移设置输入固定值" 等参数，在椭圆形顶部向上涂抹，绘制出人物前面的草丛图形，如图 50-4 所示。

图 50-4　绘制人物前面的草丛图形

7 下面绘制藤蔓图形，选择工具箱中的 ✐ "钢笔工具"，在如图 50-5 所示的位置绘制一个闭合路径。

图 50-5　绘制路径

8 选择工具箱中的 ✐ "滴管工具"，单击草地图形，吸取该图形的颜色，选择工具箱中的 ✐ "颜料桶" 工具，在新绘制的闭合路径内单击鼠标，填充该路径，然后取消其轮廓线，如图 50-6 所示。

图 50-6　填充图形并取消其轮廓线

9 下面需要为藤蔓绘制花图形。选择工具箱中的 "星形工具"，在绘图页面内绘制一个星形图形，在属性栏中的 "对象大小"参数栏中键入20，确定矩形的宽度，在 "对象大小"参数栏中键入20，在"多边形、星形和复杂星形的点数或边数"参数栏中键入12，在"星形和复杂形的锐度"参数栏中键入59，如图50-7所示。

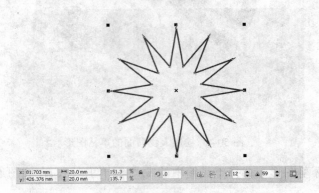

图 50-7　绘制星形图形并设置其参数

10 将绘制的星形转换为曲线，在绘图页面内选择所有的节点，接着选择工具箱中的 "形状工具"，在属性栏中单击 "生成对称节点"按钮，将选择节点转换为对称节点，如图50-8所示。

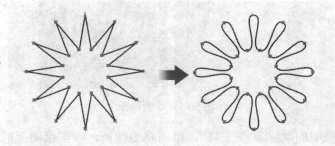

图 50-8　转换节点

11 选择工具箱中的 "颜料桶"工具，在新绘制图形上单击鼠标，使用上一次 "滴管工具"吸取的颜色填充该图形，并取消其轮廓线，如图50-9所示。

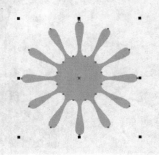

图 50-9　填充图形并取消其轮廓线

⓬ 选择工具箱中的 ○ "椭圆形工具"，绘制一个花蕊图形，并将其填充为白色，然后取消其轮廓线，如图 50-10 所示。

图 50-10 绘制花蕊图形

⓭ 下面绘制花瓣图形。选择工具箱中的 ⼁ "钢笔工具"，在如图 50-11 所示的位置绘制一个闭合路径。

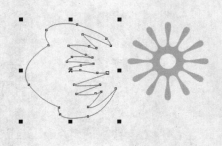

图 50-11 绘制路径

⓮ 选择工具箱中的 ◇ "颜料桶"工具，填充新绘制的花瓣图形，并取消其轮廓线，如图 50-12 所示。

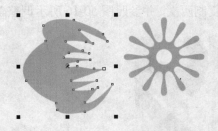

图 50-12 填充图形并取消其轮廓线

⓯ 选择工具箱中的 ▷ "挑选工具"，在选择的花瓣图形上单击鼠标，将中心移动到花芯位置，如图 50-13 所示。

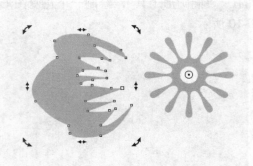

图 50-13　移动中心位置

16　确定花瓣图形处于被选择状态，在"变换"泊坞窗中激活 ↻ "旋转"按钮，进入"旋转"编辑窗口，在"角度"参数栏中键入 72.0，确定旋转的角度，然后分 4 次单击"应用到再制"按钮，旋转复制 4 个花瓣图形，如图 50-14 所示。

图 50-14　旋转复制 4 个花瓣图形

17　选择花蕊和所有的花瓣图形，执行菜单栏中的"排列"/"群组"命令，将所有图形进行群组。

18　结束"群组"操作后，将花图形移动至如图 50-15 所示的位置。

19　将新绘制的花图形复制两次，并参照图 50-16 所示调整副本图形的大小、位置和角度。

图 50-15　移动图形的位置　　　　　　　　图 50-16　调整副本图形

20 使用同样的方法在绘图页图右侧绘制藤蔓和花图形，如图 50-17 所示。

图 50-17 绘制藤蔓和花图形

21 再次在绘制页面上复制花图形，然后参照图 50-18 所示调整副本图形的大小和位置。

图 50-18 调整图形的大小和位置

22 下面绘制草丛中的彩色花图形。选择工具箱中的 ◯ "椭圆形工具"，在绘图页面内绘制 4 个椭圆，然后参照图 50-19 所示调整这 4 个图形的位置。

23 确定新绘制的 4 个椭圆处于选择状态，在属性栏中单击 ⊡ "焊接" 按钮，使所选图形进行焊接。

24 选择工具箱中的 ◞ "形状工具"，然后参照图 50-20 所示调整焊接图形的形态。

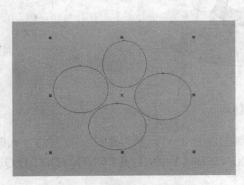

图 50-19 调整 4 个椭圆的位置

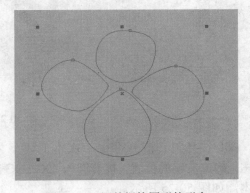

图 50-20 调整焊接图形的形态

25 将新绘制的图形填充为白色，并取消其轮廓线，如图 50-21 所示。

26 选择工具箱中的 ◯ "椭圆形工具"，绘制一个花蕊图形，并将其填充为粉红色（C: 13、M: 42、Y: 2、K: 0），然后取消其轮廓线，如图 50-22 所示。

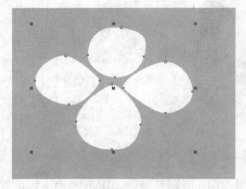 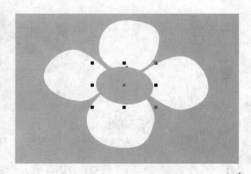

图 50-21　填充图形并取消其轮廓线　　　　图 50-22　绘制花蕊图形

27 将新绘制的花瓣和花图形群组，并多次复制该图形，然后参照图 50-23 所示调整副本图形的大小和位置。

图 50-23　调整副本图形的大小和位置

28 下面为插图添加文字。在"对象管理器"泊坞窗中单击 ▧ "新建图层"按钮，创建一个新图层——"图层 1"，并将其命名为"文字"。

28 选择工具箱中的 ✎ "手绘工具"，在如图 50-24 所示的位置沿草地边缘绘制一个闭合路径。

图 50-24　绘制路径

30 选择工具箱中的 字 "文本工具"，在新绘制的路径上光标变为路径上排列的方式时单击，确定文字的位置，接着键入"XIANG HU XI XIN XIAN KONG QI CONG WO ZUO QI"文本，如图 50-25 所示。

图 50-25　键入文本

31　确定键入的文本处于可编辑状态，选择键入的"XIANG HU XI XIN XIAN KONG QI CONG WO ZUO QI"文本，在属性栏中的"与路径距离"参数栏中键入 16，单击 ⁴⁄ "水平镜像"和 ⁴⁄ₐ "垂直镜像"按钮，使文本水平和垂直镜像，在"字体列表"下拉选项栏中选择"方正隶书繁体"选项，在"从上部的顶部到下部的底部的高度"参数栏中键入 48，调整后的文本效果如图 50-26 所示。

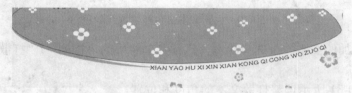

图 50-26　调整后的文本效果

32　将文本设置为绿色（C：31、M：3、Y：89、K：0），选择文字排列的路径，这时文本左侧将出现一个红色的标记，拖动该标记使文本沿路径旋转到如图 50-27 所示的位置。

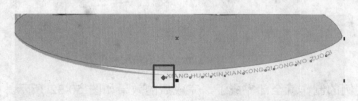

图 50-27　调整路径位置

33　选择文本的排列路径，取消其轮廓线，如图 50-28 所示。

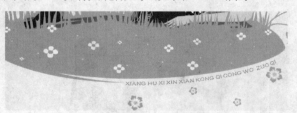

图 50-28　取消其轮廓线

34　再次选择工具箱中的 字 "文本工具"，在绘图页面内单击确定文字的位置，并键入"BLOOM"文本，选择该文本，在属性栏中的"字体列表"下拉选项栏中选择 Vineta BT 选项，在"从上部的顶部到下部的底部的高度"参数栏中键入 200，并放置如图 50-29 所示的位置。

BLOOM

图 50-29　键入文本

35 将新键入的文本设置为浅绿色（C：31、M：3、Y：89、K：0），将轮廓线颜色设置为绿色（C：47、M：9、Y：99、K：0），如图 50-30 所示。

图 50-30　设置文本颜色和轮廓线颜色

36 确定新添加的文本处于选择状态，执行菜单栏中的"排列"/"打散美术字"命令，将其打散。

37 参照图 50-31 所示调整打散文本的角度和位置。

图 50-31　调整打散文本的角度和位置

38 现在本实例的制作就全部完成了，完成后的效果如图 50-32 所示。如果读者在制作过程中遇到了什么问题，可以打开本书附带光盘中的"绘制插画/实例 47~50：绘制清新风格插画/绘制清新风格插图.cdr"文件，这是本实例完成后的文件。

图 50-32　完成后的效果